设计艺术场

包装沟通设计

The World's First Book about Packaging Communication

〔瑞典〕拉尔斯·G.瓦伦廷——著
刘敏 刘乔——译

北京大学出版社
PEKING UNIVERSITY PRESS

著作权合同登记号 图字：01-2013-4207

图书在版编目（CIP）数据

包装沟通设计/（瑞典）瓦伦廷著；刘敏，刘乔译．—北京：北京大学出版社，2013.8

（设计艺术场）

ISBN 978-7-301-22590-5

Ⅰ.①包··· Ⅱ.①瓦···②刘···③刘··· Ⅲ.① 包装设计 Ⅳ.①TB482

中国版本图书馆CIP数据核字（2013）第115388号

书　　　名：**包装沟通设计**

著作责任者：〔瑞典〕拉尔斯·G. 瓦伦廷　著　刘敏 刘乔　译

责 任 编 辑：谭　燕

标 准 书 号：ISBN 978-7-301-22590-5/J·0508

出 版 发 行：北京大学出版社

地　　　址：北京市海淀区成府路205号　100871

网　　　址：http://www.pup.cn　　新浪官方微博：@ 北京大学出版社

电 子 信 箱：pkuwsz@126.com

电　　　话：邮购部 62752015　发行部 62750672　编辑部 62767315　出版部 62754962

印　刷　者：北京汇林印务有限公司

经　销　者：新华书店

720毫米×1020毫米　16开本　7.25印张　111千字

2013年8月第1版　　2013年8月第1次印刷

定　　　价：39.00元

得到它！
读吧！
燃烧吧！
它能触动你的灵魂！

包装背后的知识必须比包装本身更有趣！当涉及包装设计时，这个世界充满了误解和成见。在令人眼花缭乱的超市里，包装的作用越来越重要，因为它向消费者传递着最直接的“购买我”的信息。每个人都知道这一点，但并没有多少人知道如何做到这一点。拉尔斯·瓦伦廷却知道。他不仅是一个出色的演讲者和教师，他也知道如何通过印刷文字和图片设计进行包装沟通。

这本书是学生或者新入行的职员的宝典，也可作为企业管理人员不完全确定他们在做的设计或者有不清楚的地方时的重要参考书。本书有很多新的观点和案例，即使对那些认为他们很清楚地知道自己在做什么的业界人员，也具有参考意义。

因此，我只想说：买它，读它，并用它！

博·沃特格（Bo Wallteg）

Nordemballage 杂志出版商及主编

如果你想说你知道一切关于伟大包装设计的知识，请三思！拉尔斯·瓦伦廷在即将出版的世界上第一本关于包装沟通的书中，以他充满激情的惊人的洞察力，提出了很多我们可以借鉴与探讨的主题。

马丁·林德斯特罗姆（Martin Lindstrom）
畅销书《购买学》（*Buyology*）和《品牌洗脑》（*Brandwashed*）作者

在现实生活中，我们说：“一切在于沟通”。市场营销就是沟通。包装的作用往往是最被低估的沟通策略元素。拉尔斯·瓦伦廷开启了一个被忽视的主题，并说明了包装在营销沟通方面的重要作用。

弗拉维奥·卡力佳利斯·迈巴赫（Flavio Calligaris Maibach）
可口可乐公司（Coca-Cola Company）瑞士市场运营经理

请不要买这本书，如果：

你相信你已经拥有顶尖的创意，

你认为你的包装已经是最好的，

你觉得自己没有必要再学习，

你的包装畅销到超过你的期望，

你已经达到你的理想状态，

你相信包装设计越复杂越好，

那么，这本书就不适合你了！

让・雅克（Jean Jacques ）和碧姬・艾弗拉（Brigitte Evrard）
彭特国际包装设计奖（Pentawards）创始人

拉尔斯·瓦伦廷即将出版的世界上第一本关于包装沟通的书籍很有趣、言简意赅，是设计师、市场营销专业人士、广告沟通专业人士的必读书籍。

弗拉基米尔·辛诺维（Vladimir Zinovieff）
宝洁公司（P&G）全球设计经理

据我所知，没有人像拉尔斯·瓦伦廷那样在包装设计的领域有如此多经验，并且能把他的知识通过文章、演讲、会议传达给更多的人。

现在又有了这本书。他是包装沟通领域的导师吗？绝对是！毫不犹豫地畅读吧！

热拉尔·卡隆（Gérard Caron）
法国 Admirable Design.com 设计师

你手中的这本书是强大的东西。包装设计从一开始就是雀巢公司最重要的媒体。很多公司都认为，没有更好的渠道跟已有的和潜在的消费者沟通。

虽然驾驭一个坚持不懈地运用新思路的人并不是容易的事情，但是绝对值得这么努力。拉尔斯·瓦伦廷在雀巢全球市场部工作的40年里，对雀巢品牌营销的成功起到了关键作用。他不仅是一位充满热情的设计师，也是一位在全球培训中心倍受尊重的老师。事实上，你甚至可以夸张地说，这是一本危险的书。它里面包含一些可以动摇很多公司的根基的内容。一个简单的道理是，这本书能帮助我们的竞争对手将他们的包装设计提高到一个可以令我们感到威胁的水平。读完这本书，你会不会想销毁它，以免你的竞争对手投之以好奇的目光呢?

坦诚地讲，我很高兴看到拉尔斯把他的专业知识、经验和智慧跟更多的公众分享。雀巢是一家循序渐进的公司，感谢拉尔斯以及雀巢的营养和技术专家，让我们一直在事业上保持领先。如果我们的竞争对手能提升他们的竞争力，这样可以促使我们做得更好。这也是一件好事——对我们和我们的消费者都是如此。

除了方法之外，你还需要一种鼓励执行、企业家精神、冒险精神和热情的文化氛围。这不是一夜之间可以形成的。设计一个成功的战略是一种提出问题、解决问题、总结经验的艺术。

不论你现在的战略如何成功，你都需要不断地检讨自己。你也必须有新的创意。你必须创新多过更新。我相信你可以从这本书里学到很多东西，也希望你能够不断挑战自我和世界。我相信，没有什么能比这更令拉尔斯开心的了。

尽情畅读吧!

包必达（Peter Brabeck-Letmathe）

雀巢公司（Nestlé Group）董事长及前执行总裁

全世界第一本有关包装沟通的书

包装的意识

为什么成功的宣传和设计

助你畅销？！

包装沟通设计

Book #1

Why great communication
and excellent design
sell products!

contents

目录

LARS 肖祥

序言

灵感与刺激

给那些担心无法做出优秀包装设计的人——这本书将给予你们勇气。

从技术的角度来看，包装一直在进步。它们一直在往更好的方向发展。利用更少的原料，采用更薄的材料，花费更少的金钱，精简制作的程序。设计变得越来越聪明，操作性能日益得到改善，复合材料的使用不断得到开发。这些都归功于大学里开设了包装工程课程。

然而不幸的是，有关包装设计的一切内容并没有大的进展。本书关注一个有着明确发展潜力的领域：沟通。的确存在着一些包装难以被理解，或许是其文字难以阅读，或许是其内容真假难辨，又或许是你根本无法得知包装里面究竟是什么。艺术院校不会教授包装沟通，他们也许会教授广告设计。学生们学习的是如何设计一个广告，而不是一个包装。当我们看到某个包装时，我们该如何判断它的优劣？好的包装应该具备使用功能上的完备，将环境纳入考量，并关注人们触摸时的质感。它会与你沟通，且极具趣味性。但几乎没有几个包装百分之百地达到了这些要求。

沟通部分如此重要是有一定原因的。在现代超市，包装取代了人。没有人再去为你介绍繁多的产品，没有人再去为你挑选适合你的产品，也没有人会在你消费的过程中引导你，给你解释某一特殊产品的优势。这一切都由包装来完成。包装设计的沟通作用，就是它对销售人员的取代能力。

我在雀巢公司担任了 40 年包装设计的领头人，所以这本书自然集中关注食品及与食品相关的事物的包装。毕竟，相较于电器组件、服装、厨房用具或备件来说，它更加有趣。因为食物包装的功能更加复杂，要求更高，与之相关的消费者行为模式也受到更多因素的控制。但愿本书中关于包装设计的内容能同样适用于其他类别的事物的包装，正如它们同样适用于市场沟通中的其他原则一样。

拉尔斯·G. 瓦伦廷（Lars G. Wallentin），出生于瑞典，毕业于斯德哥尔摩的图形研究院（Graphic Institute），在雀巢公司总部负责雀巢（Nestlé）、雀巢咖啡（Nescafé）、美极（Maggi）、布宜托尼（Buitoni）、雀巢巧伴伴（Nesquik）以及奇巧（KitKat）等几个战略性品牌的创意设计的发展将近40年。

第一课：爵士与设计

爵士乐对创造性包装设计的影响

作为一个多年的爵士迷，这个问题对于我来说很容易回答。20 世纪 50 年代，我同康特·贝西（Count Basie）、杜克·艾灵顿（Duke Ellington）、路易斯·阿姆斯特朗（Louis Armstrong）、迈尔斯·戴维斯（Miles Davis）等一起成长。简而言之，我的回答是：爵士乐与包装设计都需要持续不断地创新，以此才能保证其趣味性。

我们从今天的一个实际问题开始：顾客。如果顾客如同艾灵顿乐队一样，他应该会允许在旋律中发挥更多的创造性，就像管弦乐队的演奏一样。但今天大多数顾客，就像大的机构组织，如同交响乐队一样只根据既定的规则与乐章演奏。因为这样更加安全，不需要承担任何的社会风险。

然而在爵士乐队中，你会根据乐章或多或少地演奏旋律，而且每一次重新演奏这首乐曲的时候，你都会加入很棒的不一样的个人独创，如同每日的新闻一样有趣。

我相信今天的食品包装业在材料、填充速度、效率等方面都有持续不断的提高，它们表现得很有技术性，但在市场方面，比如包装上的印刷内容，就像交响乐队一样，我们被“卡”（stuck）在了乐章中。要让包装设计变得有趣，我们需要重新“演奏”，也许不必像查理·帕克（Charlie Parke）一样精炼与富有创意，但至少应像爵士乐中的两位天才路易斯·阿姆斯特朗或斯坦·盖茨（Stan Getz）那样富有情感。

这意味着每一个包装设计都能讲述出一个稍微不一样的故事，就像瑞典的爱氏（Arla）包装，或家乐氏（Kellogg）的 Special K 背面包装。如果这样来操作包装设计这场游戏，会让消费者对包装上的内容感兴趣，并且或许能让他们学到些什么，就像从晨报中学到些东西一样。

食品有一大堆的营养数据、净重、生态标记符号等标准信息，我们可以将这类信息的内容置入网站中，提供给真正关心这类信息的人。

而针对有兴趣了解产品的特殊性能或生产方式的人，我们或许需要一位像迈尔斯·戴维斯那样的设计师，源源不断地给出新的声音。

现在你也许已经看到了包装设计与富有创意的爵士音乐之间的联系。因此，让我们如同爵士乐一样活跃起来，让包装设计变得更加有趣。

JELLY ROLL MORTON

USA

A problem is a chance for you to do your best!

DUKE ELLINGTON

艾灵顿（Duke Ellington，1899—1974），钢琴家、乐队领队，伟大的爵士乐作曲家，大型爵士乐队的先驱。

第二课：基本原理

写给初学者的包装设计

包装设计与销售有关。为了将产品销售出去，你必须说服消费者相信你的产品与众不同，或者优于其他竞争产品。

为达到这个目标，你要具有最基本的常识及对于人们欲求的理解。这并不难，每个人都可以学会，而且它并非如同大多数人想的那样，只关乎品味。当然，品味非常重要，但千万不要忘记，每个人都有他或她的个人品味，难以分门别类。包装设计还需将美学品质纳入考量，但更重要的是具有让人信服的理由。这可以通过形状、印刷、布局、颜色等来实现。

许多包装设计的缺点，大多是缘于设计师过多地关注品味或美学品质，通常是站在他们自己的角度，而不是人们的需求角度，例如好奇心、尊重、安全感，或情感归属（马斯洛的需求层级理论）。

为了得到成功的包装设计，这里列出了一些非常简单的规则，可以作为指导，也可以作为建议。总结如下：

1. 必须被看见；
2. 最大程度迎合欲求；
3. 简洁；
4. 花钱很值；
5. 独一无二。

那么“设计”在哪里？其实，它无处不在。也就是说，在上述五条获取成功包装设计的要素中，设计师设计的实际上是沟通的部分。是的，以上五条都与沟通相关，唯独没有提及的只有美学品质。如果你不表达出一些东西，你是无法成功销售的，因为销售就是要“触动消费者的心”。

必须被看见

你一定不会购买你没有看见的东西！这与视觉冲击、显著对比，以及在货架上的显眼呈现有关——它需要与众不同、独一无二，并且被人记住。如果你没有记住那个地方，也就不会有再次消费。利用特殊的造型（通常较昂贵），或者特殊的印刷编排（比如，将商标置于底部），你可以成功达到目标，即被消费者看见，当然，不要忘记对色彩与文字进行设计。

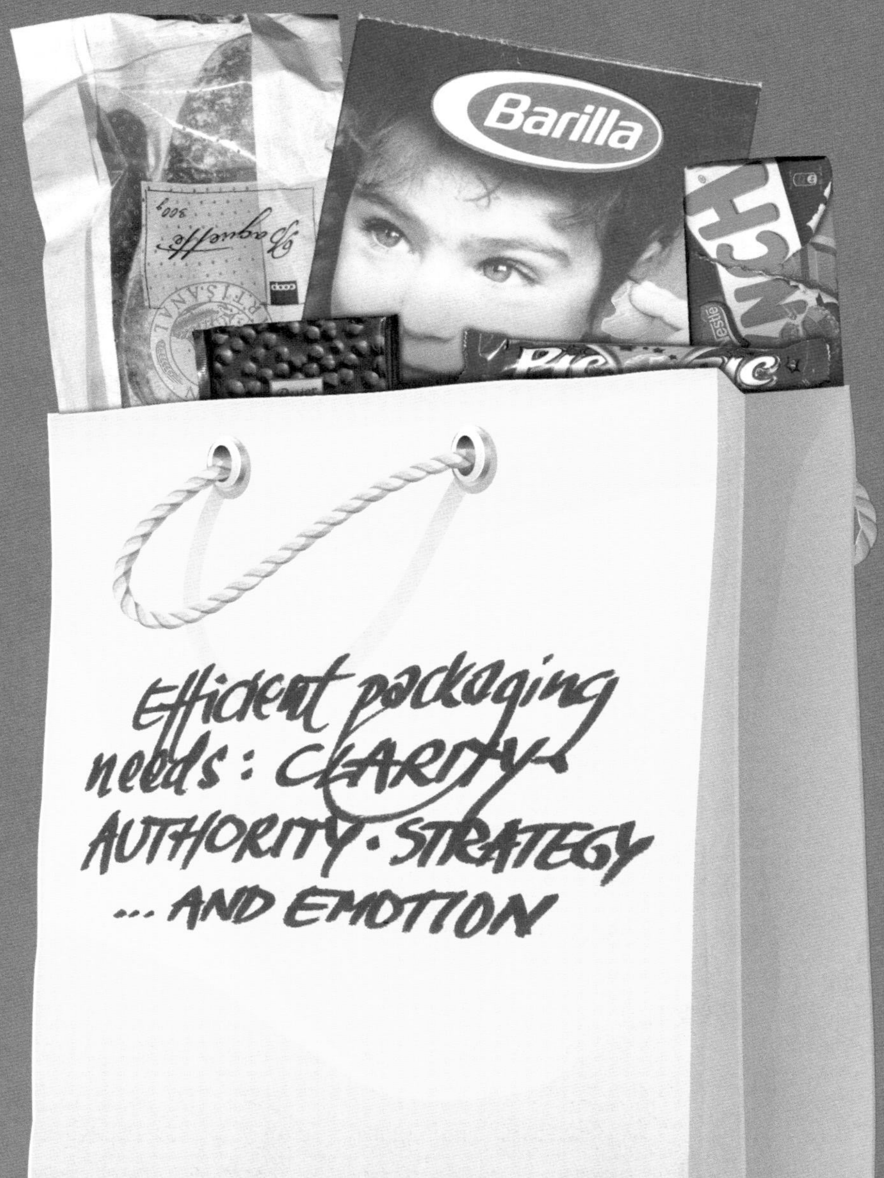
Barilla
Efficient packaging
needs : CLARITY ·
AUTHORITY · STRATEGY
... AND EMOTION

最大程度迎合欲求

简单说来，因为这项工作与团队及最优化选择相关，所以难度会更大。它关系到你用什么方式切土豆，用什么方式加入水滴，关系到你如何利用暖光灯，如何提升 3D 效果，如何加以美化，关系到你怎样加入情节，怎样避免逆光，怎样选出优良的材料来印制，以及整体排列成何种样式。你需要顶级的食品造型师、摄影师、创意师，以及一位对食物很有激情的顾客（让食品更具吸引力的事物，也同样让这位顾客深感兴趣）。当然还需要有足够的时间，食品拍摄是一项谨慎而仓促不得的工作。

马斯洛的需求层级理论

1. 自我实现
挑战性的一项，创新或创造的机会，高层次的学习与创造。
2. 自尊（尊重）
重要的一项，来自他人的认可、声望以及地位。
3. 社会性（归属感）
被接受，群体中的一员，得到成功团队的认可。
4. 安全感
人身安全，财产安全，不受恐惧的威胁。
5. 生理需求
生存需求：水、食物、睡眠、温暖，等等。

简洁

如果一件食物或饮料类产品需要消费者阅读四到五条，甚至六条信息，那么世上大概没有消费者会对它有兴趣了。除了一些特殊产品，像鹅肝酱、盒装巧克力或麦芽威士忌之类，消费者会花时间在这些产品上去查阅他们想了解的三项信息：

- 商标；
- 说明（若无这一项，则看名称）；
- 日期（新鲜产品），价格（特价产品），或者大小、容量（分量或数量）。

为了让一些信息凸显出来，其他一些信息必须被删除或降到次要位置。层次很重要，在典型的冲动消费品，如玛氏（Mars）巧克力棒、饮料汽水或口香糖这类产品的包装上，可以看到最大最明显的是产品商标；而对于比萨饼来说，挑起食欲则比商标重要；然而到了酸奶瓶上，生产日期则成为了最重要的信息。

花钱很值

如果一位消费者认为，他从一件产品中实际得到的比原本期待的更多，那么他往往会回来再次消费。也就是说，这个产品比消费者所期待的价格更低，质量更高，而且种类更多。在这里，包装设计只需要不做过多的承诺或误导，便可以充当一个重要角色。诚实很重要，但这并不意味着你不能采用更明亮的灯光或提高对比度，来取得更好的产品拍摄效果。开启后能重新盖住的包装，或非常易于开启的包装，或做简单的分类设

1

2

3

4

5

计，等等，这些都是让产品增值、让消费者青睐的不同方法。

独一无二

有些产品天生就很相似。当然，一公升牛奶就是一公升牛奶，意大利面条始终是意大利面条。但浓缩土豆粉与固体咖啡粉看上去几乎就是同一样东西。然而幸运的是，我们可以通过包装设计，让这些产品看起来是独一无二的。

首先，我们可以让品牌有一个独特的商标。相较于那些持续时间长且平民化了的商标，如可口可乐、圣培露（S. Pellegrina）、家乐氏，大部分产品的商标还有更多的独特性可以增添。其次，我们还可以将包装设计成独特的造型，不过这常常意味着额外的开销。第三条途径是混搭不同的材料，如带塑料窗口的纸盒，带纸质标签的玻璃瓶，或者内置一张薄薄的香片的木制酒盒。

独一无二性还可以通过特殊的印刷排版来达到，也就是说，不必非照着标准模式——置商标于上方，说明于下方，“新颖之处”于中间——来操作。

如果以上五条建议都加以考虑了，包装设计可以很突出，并且能明显提高销量。不幸的是，我们生活在一个让人厌恶的充斥着风险，并且不敢勇于改变的社会，这种案例很少见，因此要提高包装质量。

第三课：加强品牌

品牌认知、创意、风格及其强化

品牌实际上是在观感上加强产品的真实感。产品本身永远都比品牌重要，它们赋予了后者真正的内容。然后，我们购买的往往是一个品牌而不是产品，因为品牌被灌输了太多感性的内容。往往我们买的是“雀巢”，而不是固体即溶咖啡；我们购买的是“红牛”，而不是提神饮料。

那么，一个有认知度的品牌是如何成立或创建的，又是什么构成这种认知度呢？在列举出品牌的各组成部分之前，我需要说明，认知指的是消费者看到或听到的品牌信息，形象指的是我们个人心中的感性印象。品牌的视觉认知主要由这几个部分组成：

- 商标形象；
- 颜色或颜色搭配；
- 形状／形式；
- 风格；
- 偶像／代言人；
- 广告语。

我们还可以不时地加入配音，如叮当声，或者哈雷戴维森（Harley Davidson）的引擎声！商标认知不是绝对统一的，就像不同的人会有不同的看法一样。它需要一个监理，一般是公司的市场经理（或 CEO），而不是通常被认定的法律部门。为什么是市场部？因为商标需要时刻适应市场情况以求生存。

进入了食品饮品行业后我很快意识到，强有力的品牌的食物尝起来味道也更好。如果它本身尝起来味道不错，并且一直有媒体做支撑的话，它会是味道最好的一个。

由于我们往往是注意而非阅读品牌的名称，因此，品牌名像路标一样易于理解是很重要的，能够被迅速认出并记住。此外，它应该有自己独特的个性。

这么说，是否一个品牌的形象从被确立下来的那天开始就不容更改呢？过去人们确实是这么认为的。但我们今天学习到的是，为了维持在市场的前列，品牌的形象实际上也需要作一些演变，需要阶段性地发生变化，甚至删掉一部分或让其隐藏在另一设计元素之后。

然而，品牌中主导性的视觉元素是不能改变的。这里有几个例外的例子。有一天我看到利物浦足球俱乐部（Liverpool FC）带有嘉士伯（Carlsberg）商标的红色装备，其队徽上的香克利大门变成了嘉士伯啤酒的绿色！品牌设计的主要规则并未被百分之百地准确呈现。Cusco 飞机场外的美极（Maggi）商标，你感觉如何？

根据市场的变化，短期内改变品牌视觉形象中的一些部分，会让它变得更有趣。Toblerone（瑞士三角巧克力）在这方面很是擅长，玛氏和妮维雅（Nivea）也同样运用这种营销策略来保证它们的产品名列前茅。

如果可以的话，品牌商标最好能表达出品牌的价值，并且能有显著的个性。但仍旧有例外。我要提及的例子是我自己所在的

（雀巢产品）巧克力的激情

牛奶的自然

水的纯净

雀巢公司。雀巢最基本的商标，中性化且无太多特色，这是为了让其适用于所有产品而设计的，从中等质量到高等质量，从液体到固体，从巧克力到婴儿食品，等等。

然而，大约 20 年后，身兼 CEO 与视觉形象设计负责人的包必达（Peter Brabeck）认为，不同种类的雀巢产品应该表达出各自的特殊性，于是一系列商标设计出现了。我们为中性的雀巢商标“着不同的装”，用以表达：

- 巧克力的激情；
- 牛奶的自然；
- 水的纯净。

在法国、巴西或西班牙这种雀巢的大市场，这种策略很见效，但在略小的市场就存在一些问题了。

不用说，一个很有特色的商标自然有着较高的价值。只需要看看可口可乐、家乐氏或毕雷（Perrier）。也许我可以将如何利用颜色或配色来强化商标的识别度写入书中。我们的大脑对于颜色的记忆远胜于对形状、形式或语言文字的记忆，所以，一个有特色的商标加上一种或多种颜色显然是最好的选择。我最喜欢的颜色以及颜色组合是：

- 妙卡（Milka）或吉百利（Cadbury）的紫罗兰；
- 班叔叔（Uncle Ben）或阿华田（Ovaltine）的橘色；
- 妮维娅的蓝色；
- 美极的红与黄。

这些色彩的最大好处，对销售来说就是创造了块效应（a block effect），它们让商标看上去体量更大并且更有力量。我不是说过强有力的品牌食物尝起来味道也更好吗？

可以看到家乐氏的最新包装将焦点集中在其偶像/代言人上。

在食品饮品行业，商标形象做得最成功的无疑是：健达（Kinder）蛋—绝对伏特加（ABSOLUT）—马麦酱（Marmite）—瑞士三角巧克力（Toblerone）—可口可乐（Coca-Cola）—美极（Maggi）Aroma—毕雷（Perrier）—瑞特（Ritter）巧克力。

关于偶像/代言人的力量，我想到了大约20年以前在巴西相当受欢迎的美极蓝鸡（她出现在从里约[Rio]的嘉年华到《花花公子》[*PlayBoy*]杂志的每个地方），她比美极的商标更具力量，消费者们认为所有美极的产品都是以鸡为原料的。为求得美极品牌的生存，只有一个途径，即"杀死"这只蓝鸡。

关于品牌代言形象，有许多东西可说。如果利用得好，它们可以很有力量，就像"行不止步"的尊尼获加（Johnnie Walker）人物形象、绿巨人、班叔叔的脸、雀巢Nesquik Quiky兔子，或托尼（Tony）老虎。

描述性的品牌名难以被注册与保护。各个国家都有不少例子，比如美国的“我无法相信它不是黄油”(I can't believe it is not butter)，德国的“二宝”(Nimm 2)，加拿大的“颓废”(The Decadent)。雀巢的烹饪巧克力到了新西兰，被我们改成“即溶”，即刻便看到了销量的上涨。品牌的扩展是品牌经理渴求的，它意味着较少的市场营销投资。这里不便讨论它的正当性，但普遍的评论是：一个品牌扩展到它的核心价值之外是非常危险的。对于品牌联合策略来说也是一样。

品牌就像一个“活人”，类似我们人的成长，我们不断地在其中加入价值。提高品牌认知度最佳的例子是英国家乐氏的玉米片(Corn Flakes)包装设计，在包装史上它足以堪称最好的“门面”之一：

- 强化其在货架上的冲击力；
- 像是同类中的领导者；
- 变得更具标志性。

为了加强消费者心中的品牌形象，可以利用非常独特的设计风格。最好的例子毫无疑问是苹果的 iPod 以及 iPod+tunes' outdoor and press 竞赛活动，强化了苹果品牌的简洁形象。品牌形象也会随着产品品质的持续提高而得到进一步强化，变得更具魅力。这种提高可以是在包装上，也可以是产品本身。我们希望这本书能够让读者更加重视包装设计。

这章可以被概括成现有的知名言论：

我们制造产品，
我们销售品牌，
但是消费者购买的是满意度。

让我们引用雀巢公司的包必达的一句话：“品牌的力量，就在于其背后产品的力量……”就像本章的开头告诉我们的那样。

iPod
apple.com/fr
iP
apple.com/fr
od

你会惊奇于你所能观察到的。

第四课：提高

十种方式提高你的包装设计

包装设计涵盖多方面内容。成功的包装设计，需要你了解许多领域的知识。这里总结了最重要的十项：

1. 了解消费

要想了解消费者喜欢什么想要什么，首先想想你自己。你喜欢什么？易于打开的包装，易于阅读的包装文字，你信任的品牌，清晰的产品类别，还是一个容易携带、容易放置或者可循环利用的包装？已经够复杂了。忘记那些繁复的洞察、聚焦之类的言论，只需要利用你自己的理解力以及常识！至少有 80% 是正确的，而这对于造就成功的包装设计来说已是绰绰有余。

包装设计的首要要点就是在脑海中装着消费者，第二才是商业、法律或老板。

2. 了解简洁的含义

80 年前的可可・香奈儿（Coco Chanel）是将简洁阐释得最好的设计师，她铸造了现在著名的口号"只做减法，不做加法"，建筑师密斯・凡・德罗（Mies van der Rohe）也提出了常被人重复但少被实践的名言："少即是多！"不用多说，今天的包装上毫无疑问存在过多的（无用）信息。

3. 了解定位

你想怎么称呼都行：DNA、精神、核心价值、品牌精华、伟大理念，等等，包装设计必须强调品牌（或产品）背后的精神理念，产生一种综合效应。包装设计往往是整体沟通的一部分，必须同理念或定位形成统一战线。而该理念必须是简洁且有力的。

4. 了解层级

总有一件事情是最为重要的，极少会出现有两件事物同等重要的情况，尤其在包装设计中。包装设计的负责人可能是市场指导、“大老板”（Big Boss）或技术指导，他必须负责制定层级表，供进一步设计包装的人参照。这一步少有人做，所以最后的结果往往是一个“毫无重点”的劣质包装。

显然，如果产品是婴儿奶粉，那么营养信息是最关键的，而如果产品是青年人嚼的口香糖，类似“不要抽烟”的建议似乎是上佳选择。

5. 了解法规

这是一个经常“出错”的领域，因为我们确实不会在必须之事（如法定决议）与指导原则或规则或最优方式之间做区分。而且，法律可以用多种方式阐释出来。例如，包装盒的前面仅仅意味着包装盒的前侧或旁边的另一侧吗？这完全取决于你拿包装盒的角度。为了避免落入印上了“所有信息”却无实质性意义这一陷阱，你得问自己这样的问题：

· 消费者的确需要这个信息吗？

· 该信息有助于增加销量吗？

· 该信息能被理解吗？

· 消费者真的需要可口可乐易拉罐或小坚果袋上的全球分销联盟（GDA）信息吗？包装盒底的二氧化碳排放量呢？

6. 了解材料

你是否曾经一只手握着一罐果汁，另一只手拿着刚从冰箱中取出的包装盒（利乐包[Tetra]、康美包[Combibloc]或屋顶形纸盒[Purepak]）？

亲自试一试，你会知道为什么铝或钢铁会让人觉得更凉。开发一个新包装时，所要决定的首要问题便是选择什么材料，或哪种材料组合方式，以便最好地展现出其内部产品的独特性。

显然，有着透明窗口的包装盒在今天很受欢迎，因为大部分消费者都想知道他们究竟买了什么样的物品，甚至纸袋都有透明窗口，为什么木盒中的包装袋不如此呢？

左：为了让消费者看到产品，保留了一个透明窗口。
右：美极的“Panier de légumes”，排版设计的成功案例。

7. 了解排版布局

大部分营销人员都有一个根深蒂固的习惯，被称作“左上角综合症”，正如营销执行人员所认为的那样，包装就像一本书，人们会从左上角企业的商标开始往下看。非常正确。包装设计可以有各种布局，但表达出产品的理念才是排版布局以及视觉印象的重点。

法国美极公司的“Panier de légumes”小袋液体汤料包就是最好的例子。其排版布局相当不错，分为三个层次，首先是顶部的配料内容，然后是中间清晰的产品说明，最后是底部的汤勺。

然而，我始终不明白，像“83 千卡能量，3 份量”这样的文字为什么要置于包装前侧，这类信息应该放在后面，留出更多的空间给真正利于销售的信息，例如“含大量纤维素、维他命的豆类食品”之类的信息。

8. 了解生态

今天，大量营养信息过于复杂，难以被一般的消费者所理解，我们被这类信息轰炸着。同时，我们也受到了全球危机的警示，如二氧化碳过量，臭氧层被消耗。利用包装来向消费者普及生态知识（而不仅仅是包装的再次利用），通过改变生活方式来加入让地球更美好的活动中，这也许不失为一个不错的理念吧？

9. 了解三维

全球化的思路，地方性的做法。

一个全方位的包装设计师不能仅仅是一个平面设计师。他必须能够把握住形状、形式，知道如何取得良好的效果。

薄皱片物品，需要结实刚硬的零售包装，反之亦然。一个大且有趣的销售点，即便是相当简单的零售包装，也能运作出惊人的成果。所以在包装设计工程开工前，先决定你的资金往哪里投放！

10. 掌握整体包装，即综合效应

历经了40年的包装设计，直到今天我在写这些文字的时候，还从来没有参加过一场以下负责人全部在场的会议：

- 项目领导者（通常是品牌或产品经理）；
- 包装设计师；
- 包装技术工程师；
- 广告财务执行人员，如果有创意指导则更好；
- 法律顾问；
- 商务代表。

在包装设计与广告方面，Malaco公司擅长于保持两者品牌认知的一致性。

以上提到的所有包装事宜既属营销类又属技术类。它是一项有关零售包装、陈列用具以及承运物的工作，需要提前做出一些关键性决定，确定主要的视觉效果是什么（形式、颜色，还是商标等），通过所有包装与媒介达到沟通的效果。

这不是一项简单的工作。因此我常说：“不要指望它变得容易，应该指望我们做到更好！”

If you wish that your key message is read, understood and remembered. Don't disturb with other elements

LARS WALLENTIN

如果你希望你的关键信息被阅读、理解并记住，就不要被其他元素所干扰。

第五课：迎合欲求

食品造型

如何学会通过迎合欲求来进行沟通。从格拉菲斯卡大学（Grafiska Institutet）毕业后拿到的证书同我几年前在哈尔姆斯塔德高中（Halmstad High School）拿到的证书完全是两回事。可见在做你喜欢的事情时，你往往会表现得更好。我在高中阶段唯一取得高分的科目是美术。

我曾经在北雪平镇（Norrköping）的 Esseltepac 公司工作，北雪平是斯德哥尔摩南部的一个工业城镇。我在那里学习了许多关于印刷（胶版印刷、轮转影印、苯胺印刷）以及包装工程的知识。因为需要帮衬着做销售，所以我还学了一些关于销售的知识。在我加入 Esseltepac 的同时，雀巢收购了当时瑞士最大的食品公司——芬德斯（Findus），并且在位于沃韦（Vevey）的总部成立了冰冻食品商业部。仅在两年之后的 1964 年，我在 Esseltepac 公司接到了来自瑞士的电话，询问我是否愿意带领一个小部门，设计芬德斯在欧洲的所有商品的包装，在当时意味着斯堪的纳维亚，法国，德国，英国，比利时、荷兰、卢森堡经济联盟，澳大利亚以及意大利。尽管我当时还在考虑是否要在东兰辛（East Lansing）的密歇根大学（Michigan State University）继续学习，但我还是答应了瑞士方面的邀请。

雀巢公司雇佣我带领约 10 人的小部门设计芬德斯的所有包装，那时我才 25 岁。当时的我不算是一个大胆且有创意的设计师，但我有很好的策划、广告以及印刷知识，我们每周设计出大约 25 件作品，还包括不少食品摄影作品。

芬德斯的品牌以高质量著称，拥有一系列广泛的食品类别，鱼类、肉类、蔬菜产品，以及速食食品。我们的工作室紧挨着芬德斯的测试厨房，有着大批优秀的厨师，我们在工作室为拍照做筹备工作时，他们给予了我们很大的帮助。

然而，真正有意义的经验始于几年后，我开始同著名的食品摄影师合作，如杜塞尔多夫（Düsseldorf）的欧伦弗斯特（Ohlenforst）先生、慕尼黑（Munich）的杜伯纳（Teubner）先生，这些摄影师与德国当时最好的食品造型师一起工作。多亏了那些知识，让我后来得以将这些从事食品造型陈列的工作室组织到了一起，这也成为我最为宝贵的一段经历。

关于食品或饮品在广告、包装以及说明书方面的沟通问题，我会尽力总结出需要注意的重点。

它们都与最大化地迎合欲求以及让产品在最好的光线下呈现有关。在初期，我们会使用一些小策略，例如用剃须膏代替真奶油（我很快意识到这并非作假），但更多的是关于：

· 挑选最好的咖啡豆、豌豆或鱼片；

· 用手工制作的样品而不是工业制品；

· 采用更暖 / 更冷的灯光；

· 挑选让产品看起来更有趣的角度。

因为我们在用眼睛购物，意味着我们的大脑比我们的胃要先一步“尝到”产品，所以满足大脑的欲求尤其重要。也就是说，黄色的香草味冰淇淋更鲜美，因为它满足了我们大脑的诉求，尽管它本身如雪一样白。

最完美的情况无疑是产品真实的样子刚好与大脑的诉求相契合。可以说，我们的视觉与记忆相伴，记忆往往会记住食品或饮品里最好的造型、颜色或结构。

我们先学习食品摄影术，然后再学习如何给其润色修饰。迎合欲求是一个普遍性的基本原则，在布宜诺斯艾利斯（Buenos Aires）这个原则是有效的，在我居住的科尔索（Corseaux）的小村庄同样是有效的。

最大化地迎合欲求，是所有食品摄影的首要目标。可以通过以下途径达到：

· 设计师或艺术指导给予产品极具吸引力的外包装，并让产品在突出位置展示；

· 食品造型师（料理专家、特训人员，或摄影师自己）让产品以其最

上镜的方式呈现出来（类似于为一场将在电视上呈现的表演而作准备的化妆艺术家）；

• 摄影师利用灯光技巧突出重点并且提亮色彩。

每一张成功的照片都建立在清晰、精准、简约的基础上。就像确定结构一样重要，在拍照之前为各个元素，即需要的构架、颜色、饰品等，找到最合适的位置。若想让照片尽可能地有趣且具吸引力，可以利用厨具、玻璃制品、杯子、盘子、桌旗、花，或其他饰品。

时间就是金钱，尤其是摄影棚里的食品摄影，其时间尤其昂贵。所以，在进入摄影棚之前，将饰品找齐，造型就绪（即预备好食品将在图片中呈现的位置），这一步极其重要。

为了让产品经理、料理专家、设计师以及摄影师都参与解决一些突出的问题，常规做法是在图片拍摄之前先召开一个前期拍摄的会议。

为拍摄出食品包装上、广告上、烹饪说明书上、小册子或散页上的图片，摄影师的工作室应备有一个（如果没有两个的话）带架子的烤箱、冰箱、大冷柜、橱柜、工作台、带柄锅、不沾底的平锅，以及全套的刀、叉、勺。小型的电器也非常有用，例如带有抽油烟机、搅拌机、混合机的炸锅。厨用纸巾、毛巾、托盘、玻璃纸卷、刷子以及棉棒，也在摄影师的器具之列。

为了提高效率，摄影师通常与一个或几个助手合作。如果摄影师同食品造型师合作的话，摄影师的工作室里要有上文提到的所有器具以便其操作。如果食品造型师不在的话，通常是料理专员担任此职。提前安排或购买所有的新鲜蔬菜、肉以及水果，是食品造型师或料理专员的工作。对于这些基本的新鲜食物，必须精心挑选，以确保它们视觉上完美无瑕，没有破损或难看的污渍。因为准备阶段经常要进行实验，所以需要有足够的备份。

图片拍摄的过程中，需要摄影师、艺术指导 / 设计师，以及食品造型师/料理专员通力合作。摄影师负责将物品整体结构摄入图片，以及所有的技术细节，包括灯光、阴影以及景深，等等。

另一方面，食品造型师负责实际的产品及其呈现。设计师提供简要的说明，并决定食品的布局安排、图片传达的情绪，以及整体呈现的效果。如果图片拍摄时产品经理在现场，他可以负责整体效果的呈现（要避免与摄影师以及食品造型师的职务发生冲突），并且用其知识解答大家所讨论的问题。

仅仅是“好”，说明还不够！在食品或饮品摄影中，最后的结果必须是“棒极了”。为了最大限度地达到目标，团队合作是必需的，团队领导则是品牌/产品经理，他的职责是最大化地迎合（消费者）欲求。如果最后没有达到“棒极了”的效果，也许是以下中的一项出了问题：

- 设计师没有理解产品简介；
- 食品造型不完美；
- 摄影师没有调试好灯光；
- 印刷品质差；
- 打印过于匆忙；
- 没有购买好的纸板，等等。

那么如何提高包装的水平以满足需求，是在印刷方面还是电视方面？以下是几条建议：

考虑“放大”。有五个原因支持“放大”。第一，放大的画面会让包装本身看起来大一些！第二，通过放大产品的重点信息，以避免次要的设计元素充斥画面，扰乱中心信息。第三，批量陈列，大的画面可以创造出靶心效果，将注意力从其他货架上吸引过来。第四，主导性的画面能得到更好的回应，消费者在二次购买时能轻松地定位产品所在的货架。第五，如果这些工作都到位了，这个产品会放在重要的位置。这一点很重要，因为消费者往往对产品的类型最感兴趣。品牌名称、产品介绍、尺寸，等等，则居于次要地位。

通常来说，产品的特写镜头最好不要超过它原本大小的120%。通过拍

摄叉子或勺子上的小部分食物，可以获得一个适宜的特写画面。这部分食物必须大小合适并且有趣，否则销售的便是叉子或勺子，而不是产品了。

对比。为了保证产品在包装上凸显出来，基本方法是创造产品与背景之间恰当的对比效果。这种对比通常建立在深/浅的原则上。浅色产品常配以深色背景，深色产品则配以浅色背景。另一些对比效果可通过对灯光的掌控以及色彩的对比来达到。

高光。我们已经学习到产品图片必须有恰当的对比以及特写镜头，现在我们学习另一个基本要点，即产品必须生动。灯光在这里起到重要作用。这需要摄影师调整好小簇光线，让产品在视觉上显得比实物大一些且有吸引力。如果没有打任何高光，产品看起来会显得“死”而呆板；但如果有太多高光，它又会显得冷而单调。

运动。运动的或流动的食品和饮品往往比静止的（看上去）更美味。

新鲜饱满。当给食品或饮品摄影时，要让它们每一处都看上去很新鲜，这一点非常重要，它能让产品的工业气息稍弱一些。不同的产品有不同的处理方式。水滴常常被喷在水果、蔬菜，或装有冷饮的玻璃杯上，传达出水果或蔬菜是趁新鲜时摘取的，或者饮品是凉爽而新鲜的之类的信息。

在备好的碟子中放入小簇装饰性的新鲜花草，可以打造出新鲜的氛围。加入绿色沙拉，会有同样的效果。掌控光线的时候，要确保这些绿色的装饰物在灯光底下展示出新鲜的效果。

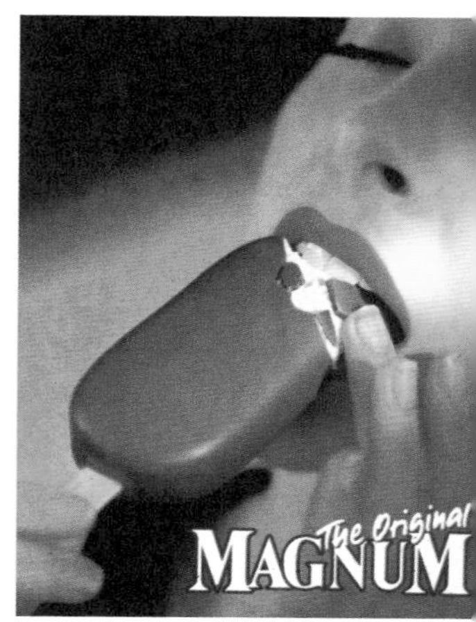

梦龙（MAGNUM）冰淇淋的广告是加入人脸的绝佳案例！

看看这些专业户们。在日本、德国、法国或英国，今天最好的食品杂志是ELLE美食杂志（*ELLE à Table*，法国；*ELLE Bistro*，德国），当然也不应忘记英国的乐购食谱杂志（*Tesco Recipe Magazine*）。

食物与人。想要消费者脸上满意的表情多一点，那就考虑包装内容减少一点。

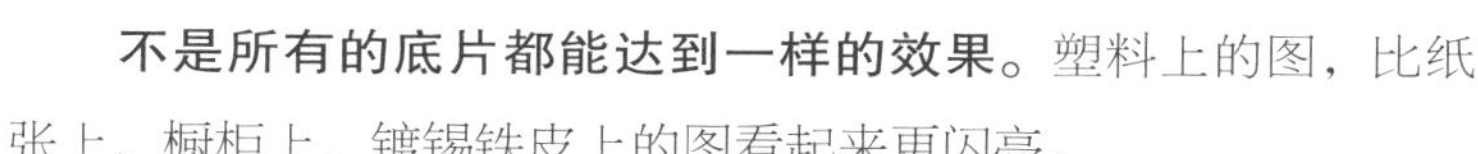

不是所有的底片都能达到一样的效果。塑料上的图，比纸张上、橱柜上、镀锡铁皮上的图看起来更闪亮。

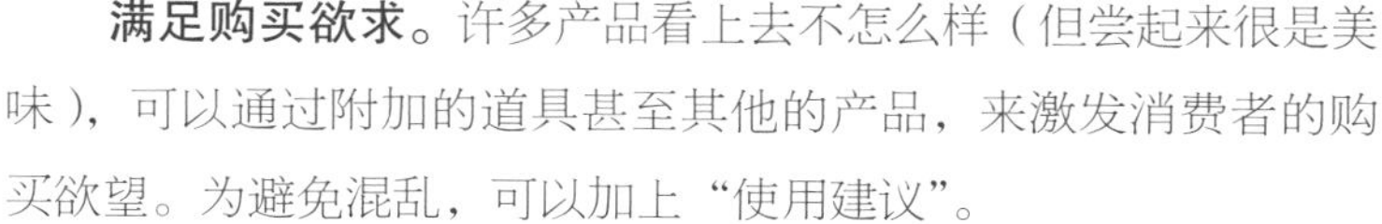

满足购买欲求。许多产品看上去不怎么样（但尝起来很是美味），可以通过附加的道具甚至其他的产品，来激发消费者的购买欲望。为避免混乱，可以加上“使用建议”。

要区别editorial photo与packshot。前者可以包含很多，营造一种情绪氛围，后者则要简单一些。如果技术允许的话，不要忘记留窗口。如果不能留全部的话，也要尽量大一些，消费者希望能看见产品。

突出关键消费点。如果关键消费点是食品的结构，那就让它清晰地呈现出来；如果是饮品的味道，那就让颜色稍稍夸张一些。

大方。永远记住，尽量提供比实际内容多一些的东西。如果从图片上得到了“美味”的信息，那么消费者接下来会习惯性地，也就是会准备真正品尝一下这个“美味”食品了。

食品造型。只有出色的产品准备工作才能造就上佳的食品摄影作品。食品造型师是对产品准备阶段非常熟悉的专家，如果需要的话，他还可以手动重构工业产品。

不像普通的主厨，食品造型师需要为每一件被拍摄的产品“化妆”，让它尽可能地更上镜，而不需顾及它真正的味道（咸淡、辛辣等），因为对于图片的呈现来说，实际味道不起任何作用。

为了达到这个目标，造型师有时会调整产品结构，图片最后呈现的效果并不完全与实物的样式相符。法律规定食品图片必须与实物一致，你可以尽量美化，但绝不能欺骗消费者。

关于广告、包装、宣传展示站牌（POS）等上面的食品或饮品摄影图片，当然还有更多的内容可以讨论。关于图片的高度美化，在过去的日子里，这项工作非常艰难，人们往往从手绘图开始。显然，到了现代，人们是从数码相机开始。这是一项艺术，少有人真正掌握。这也是一项需要提高对比度、清晰度以及色彩强度，并且不使其失真的专业工作……不能太少，也不能太多。

Maggi
Mousline
SUGGESTION DE PRÉSENTATION

1 SACHET

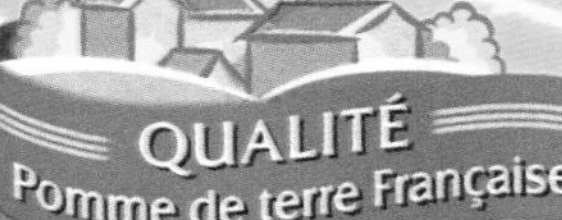
QUALITÉ
Pomme de terre Française

DE
4 ASSIETTES
125g

1

M Budget

MILCHSCHOKOLADE
mit Haselnussfüllung und Getreide-Crispies
CHOCOLAT AU LAIT
fourré aux noisettes et crispies de céréales
CIOCCOLATO AL LATTE
con ripieno alle nocciole e crispies di cereali
100 g

MIGROS

2

3

4

5

6

7

8

第六课：事物的形状

商标、排版印刷 & 产品图标

从基本的图像角度以及从特殊的印刷角度看待包装设计，无疑会将问题上升到排版印刷是否能起到沟通作用，或者只是简单地将文字堆叠在一起。要解答这个问题，我们先来看看十种将文字“堆叠”在一起的方式，及其所传达出来的信息。这十种方式利用文字与排版印刷风格向我们传递了以下这些信息：

1. 质量

通过文字来传达产品的质量信息是最常见的排版印刷方式：低（Migros Budget，图 1）、高（书写漂亮的 Grand Cru，图 2），或者特殊风格。在葡萄酒、烈性酒或巧克力等产品里，有非常多的例子。

2. 高雅 / 精致

大部分精致的产品都有排版印刷脚本。图 3 是欧洲几大生产商之一的巧克力产品，这次是来自日内瓦而不是布鲁塞尔。

3. 传统

像啤酒、饼干、巧克力或咖啡这些产品，表达传统是一个很普遍的方式。雀巢在法国的 La Laitière 商标的书写风格是一个很好的例子，用情感式的印刷体表达情感性语言，两者的组合极佳。雀巢的 La Laitière（图 4）商标被用在从雪糕到甜点的好几个产品上。

表达传统可以通过选择一种今天已经不使用的字体，有些难读，并不完美，可能是斜体。Amaretti di Matilde（图 5）无疑是一个很好的例子。

4. 品牌识别（首写字母）

能拥有一个词是很好的（比如绝对伏特加品牌），然而只有一个字母则更好。含有低卡路里谷物的家乐氏的 Special K（图 6）无疑是一个成功的例子。但是，我最欣赏的是挪威的 Brewery Hansa，用一种很有力量且又具装饰性的方式将“H”（图 7）表现出来。此外，Nesoresso 的双“N”（图 8）也是一个不错的例子。

9

5．品牌识别（个性化字母）

不久前，商标还是神圣不容更改的，并且无法用更具创意的方式将它表现出来。好在这段时期已过去，通过不断改变其中的一些东西，品牌认知度已经得到很好的加强，最好的例子无疑是瑞士三角巧克力（图 9）。通过这种方式让品牌得到更多关注并保持在销售前列。

6．味道 & 结构

排版印刷可以表达出很多东西，用乳脂表达优雅，用孩童表达奇异，用朴实表达质感。来自约克（York）的 ORANGE（像奇巧，尽管是另一个公司的，图 10）品牌是一个成功的例子，它所有的排版印刷品让人感觉闻着或尝着都是橘子的味道。另一个成功例子是澳大利亚的雀巢烹饪巧克力“Easy to Melt”的“melted”字样（图 11），尽管距今日有些遥远。

7．产品个性

俄罗斯的 Stimorol ICE 为了强调力量感与新鲜感，不只夸大它的特性，即 −70°，而且还将“ICE”字样印刷出一种冰爽的感觉（图 12）。包裹着巧克力的饼干 Fingers 则用字母展示出产品的样子（图 13）。Muller 的正方盒谷物酸奶，利用它的商标 CORNER（一个很难被注册的词）赋予了产品以独特性格，将字母“O”变成牛奶盒一样的形状（图 14）。不错的想法！

8．比拟

可以通过拟声的手法来表现品牌，如果品牌字母刚好与之相吻合，无疑是最好的。许多年前，最受瑞典人喜爱的是“mums-mums”（图 15），轻盈的巧克力泡泡图案无疑是这类产品的最佳选择。

9．三维

尽管设计师们在现代技术（计算机）的帮助下，可以让图片呈现出三维效果，但不可思议的是，它在包装设计中的应用竟如此之少。对比皮克斯公司（Pixar，《料理鼠王》、《玩具总动员》）的三维作品，就能意识到包装设计仍有很长的路要走。现有的优秀案例应该是 TOGO 巧克力了（图 16）。

10．将字母变成符号

我们在包装设计的排版印刷或字体方面最后探讨但同样重要的是，将字母变成符号，这种方式不那么普遍，但很有效。使用得最多的符号无疑是心形。Nutrisoy Soy 牛奶的包装设计就是一个典型的例子（图 17）。

从以上我们可以得出什么结论呢？毫无疑问，要让包装设计更有个性、更加有趣以及更为独特，很大程度上需要借助排版印刷和字体。希望这些例子可以很好地启发设计师们。

ESTD 1759
GUINNESS
DRAUGHT

ESTD 1759
GUINNESS
DRAUGHT
BREWED IN DUBLIN

第七课：如何改善罐子

健力士啤酒案例

健力士（Guinness）刚刚对他们50厘升的罐子进行了重新设计。你注意到了吗？也许注意到了，也许没有。这不重要。重要的是，他们的做法是正确的。今天我们看到的大部分是缺乏真正的逻辑与常识性思维的现代化事物，它们只是在玩弄一堆不同的元素而已，但健力士则与众不同。

竖琴太小，难以产生影响力。

做“大”设计（竖琴），或是“卧床休息”。

以下是从中学习到的七点：

1. 图标比商标更有感染力、更具情感性，并且更有视觉冲击力。

2. 品牌的商标没有必要非在包装正版面的上方。

3. 一个RTB，即信任的理由（reason-to-believe），或者叫做USP，即独特的销售点（Unique Selling Proposition），是让消费者在脑海中定位该产品的必要因素。新设计标明了“都柏林酿造”（Brewed in Dublin）……其他酿造地点呢？说明这是货真价实的上等品，不是你本地酿造的嘉士伯啤酒，或喜力（Heineken）啤酒。

4. 签名，就像这个案例中的“Arthur Guinness”，增加传统性，同时也具品质感。

5. 不要为了改变而改变！不管是竖琴，还是健力士的商标，都未曾改变过。两者都已经是很稳定的设计，没有必要改变它。

6. 为了减少设计元素，可以进行合并。之前的“Estd. 1759”现在成了竖琴的一部分。真是好点子。

7. 更好地利用空间。之前的设计空白过多，新设计改善了这一点。

不论是谁做的，都要恭喜他！

第八课：好设计就是好生意

将设计作为战略工具

任何人都会说销量和盈利才是一个商业机构“存在的理由”，而不是设计。那么，设计如何改善我们做生意的方式呢？

和生意人不一样，设计师的动机之一是艺术，但商业服务中的艺术，需用以提高生活和产品的质量。爵士乐低音演奏者查理·海登（Chailie Haden）曾经说过：“艺术家需要用美来提高生活质量。”此外，设计师应该能够创造出一种途径（或沟通），让消费者亲眼看见，然后才知道那是他们自己想要的生活方式。

设计仅次于“漂亮的物品”，并且主导了从经商到服务消费者再到提供价值这一整个路径。与其说设计是一个动词，不如说它是一个名词。

IBM 公司的托马斯·沃森（Thomas Watson）曾说过：“好设计就是好生意。”我认为他同时也在表述好设计是 95% 的常识加上 5% 的天才创意。鉴于设计与创意的紧密联系，在进入设计领域之前，先看看关于创意的一些言论：

·创意长着一双遵循规则的眼睛，却拥有一颗狂野的心；

·创意意味着安全感的缺席，反叛既定的价值体系（奥里维埃洛·托斯卡尼 [Oliviero Toscani] 语）；

·创意是一种问鼎难题的能力。

有创意的新产品或包装：

· 是被相关领域专家用带有疑问的眼光评价与欣赏出来的。理念或产品越是具有原创性和独特性，人们接受它所需的时间就越长。因此，不要过快或孤立地做出评价，应依照背景环境来评判。

· 必须百分之百地具备功能性，比如，薯条包装必须备有极好的开启装置，重瓶子则需便于人手的抓握。

· 必须符合美学规范。观赏者 / 使用者 / 消费者必须能直观或理性地感受到产品的美。

我们初次与产品接触时往往多是通过看，简单来说，可以认为我们是在用眼睛食用或饮用。包装在这里扮演的角色就是夸大，以满足大脑或眼睛的欲求。

嗅觉和味觉几乎是品味食品和饮品的全部感觉，为了强化这两者，我们需要在脑海里先做好准备。最基本的是：

· 夸大视觉感受。利用令人垂涎的、鲜艳的图片，引起人们的欲求。

· 夸大听觉感受。注意，当我们想要一次强烈的情绪化体验时，我们会说“我洗耳恭听”。因此，我们的沟通必须听起来有情绪，也就是说，广告可以采用音乐或其他多样化的声音，包装也可以发出声音，如轻微的爆裂声或吱嘎作响。在谷物类、薯条类等产品的营销中，声音非常重要。不要忘记开启毕雷矿泉水瓶时的嗞嗞声，或是通过清脆的响声向我们传达安全性的婴儿玻璃罐。

· 夸大触觉感受。利用极其精致的造型、形式以及材料来传达强烈的感受。注意，对于一些令人动情的东西，我们常常会说“它触动了我”。

我们也不能忽略第六感——幽默感，这常常是激起消费者兴趣的有力工具。设计是大部分产品中最显著的一部分，因为：

· 它们（产品）有一定的形状（**产品设计**）。将一块狮王（Lion）品牌饼干做成爪子形状是产品设计的优秀案例，白色巧克力可以做成一杯牛奶的形状，等等。

· 它们要进行再包装（**包装设计**）。设计可以被认为是大部分产品的外衣。

· 它们需要广告然后被大家所知晓（**信息与平面设计**）。今天通过高科技媒体传播的信息，常常包含了给感官以刺激的信息。

· 它们必须以尽可能低的价格生产出来，并且可能的话，让其受保护/被注册（**工业设计**）。

· 它们必须让消费者产生美感（**美学设计**）。

· 它们必须在越来越多的商店/超市之外的地方销售，也就是我们所说的室外（**建筑设计以及室内设计**）。

· 卡车、公车等，这类通常处于动态的车辆，是合适且有趣的传播工具（**交通设计**）。

· 它们要在消费者心中形成一个持久的印象，这意味着产品设计/包装设计/沟通设计应有机结合。我们可以称之为**情感设计**，即产品带给消费者的综合体验。

· 它们不是单一的，而是被许多竞争产品环绕着，这就意味着，如果更多的消费者知道这个产品，我们强化其与公司的纽带关系的机会就更大，比如网站、消费者服务部，等等。包装背面的许多文字常常读着很无趣，让文字与符号相互关联非常重要。**信息设计**的真正含义实际上是将文字转换为符号/图片。

每一个领域我们都需要专业人士，同时也需要能够综合各领域并使其效果最大化的一位人士或一个团队。技术或经济成果可以被权衡、被测量，给出数据，设计则不然。它需要能创造出情感/美感与纯粹理性思虑之间的联系的人。这种设计（直觉）中不可被实际测量的情感部分，必须被注意到，消费者常常因之得到未曾期待的惊喜。我们可以顶着内在的风险，在这方面占领市场份额或开启一片崭新的市场，以取得显著进步。

一个成功的设计已然足够，但更好的是优秀的设计管理。斯沃琪（Swatch）与雀巢的奈斯派索（Nespresso）咖啡机的成功不仅仅在于它们的名字，或它们的设计，或它们的说明书、广告、包装，还在于它们将设计的思维运用到了各个领域。成功的公司都有设计管理类部门（苹果、宝洁，或者邦及欧路夫森[Bang & Olufsen]），它们提升的是以组织为单位的整体设计，而不仅仅是产品或包装设计。

创新与做新颖之事的好奇心和愉悦感有关。

第九课：为什么草图很重要

包装设计从一个“点子”开始

为什么草图很重要，如何用图画来记笔记？你是否知道世界上有两类人？一类是视觉的，一类是非视觉的。而非视觉的又可分为动觉的和听觉的，但在这章我们不讨论这个问题。

通过观察第一种人，应该不难注意到你的同事跟你看见的也许不一样。顺便一提，你是否发现那些学营销和金融的，即商业类的，常常不属于视觉类。

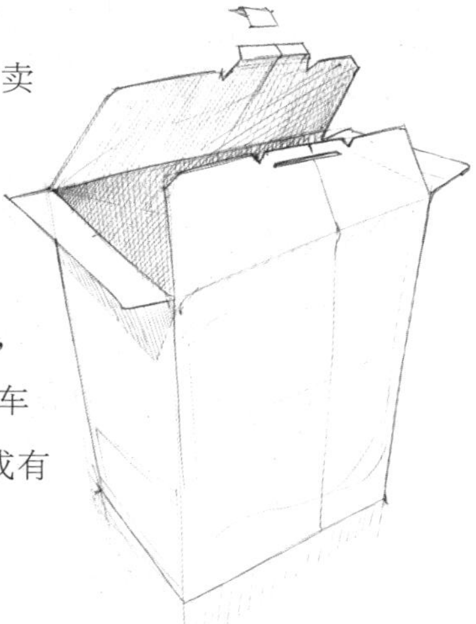

那么，为什么那么多视觉工作者因无法卖出他们的想法而感到失落呢？因为如果不作出解释的话，站在他们面前的人（即产品经理、品牌经理、销售人员，等等），是无法欣赏到该想法可以带来的利润的。同样地，当你到修车间去修车时，你也无法判断出修车者是否干得很出色，除非你自己是专家或有人向你解释。

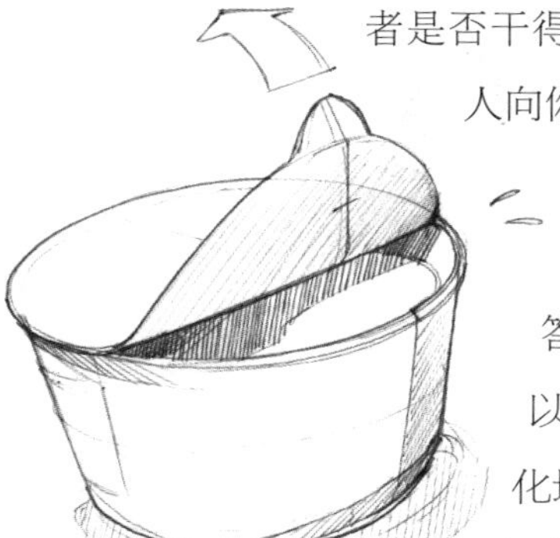

如何摆脱上文所说的失落感呢？

答案是画草图！当营销人员在向你做基本描述的时候，你可以通过画草图（可被称为图画笔记）直接在你的客户面前视觉化地呈现出你的想法，这样不仅节省时间，而且可以在一个被客户认同的平台上，开始你设计室里的创意工作，也就更容易

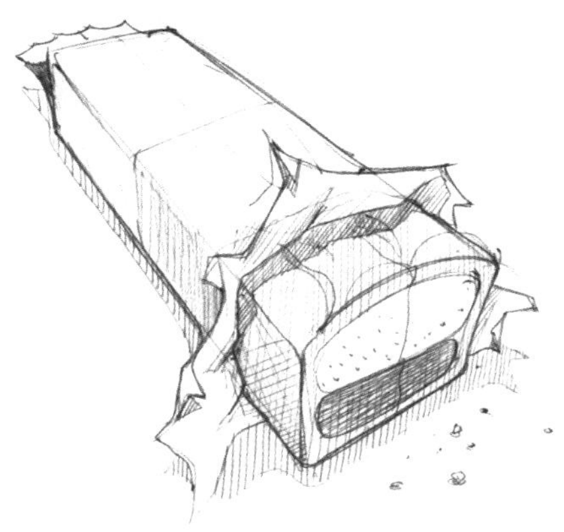

被客户所接受，因为他会认为自己也加入了整个创造过程。

写出来的文字说明常易被误解（设计师常常文字能力较弱），而草图在减少沟通障碍方面可以起到重要作用。

也许你会说："我不会画画……"其实，画草图并非要画出漂亮优雅的图，只要你的图稿能展示出对方希望看到的各层信息的布局就够了。商业交流不是审美活动，而是理性思考，需要有动态的元素，即需要在视觉上被强调出来的元素。商业艺术是设计的一部分，随着产品销售的现代流通的发展而发展，而不是独自发展。

做“大”设计，还是卧床休息。

第十课：更大往往更好

做“大”设计，还是卧床休息

能说得好听点吗？我对此表示怀疑。最近去澳大利亚的途中，又一次提醒了我这个事实，几乎在欧洲的每一个市场，我们都被“沟通过度”。不仅仅是在包装上，包括宣传展示站牌、户外广告、电视广告或印刷品上。

今天的包装技术提高了，每天的沟通质量却下降了。数码科技帮助我们更快速、更便宜、更容易地沟通，而我们所沟通的内容却在每况愈下。

当不是所有的公司都这样，有一些还是做得很好的，例如，大部分的啤酒品牌、玛氏、苹果、麦当劳、宜家，等等。但几乎80%的公司的信息沟通方式都很不成熟。

· 为什么图面上要出现两个标识（某些品牌）？它们似乎经常在为注意力的争抢而打架。

· 为什么一些品牌标识设计得如此小，或者根本没有体现出图标或色彩的主题？我们没有看见也不记得有谁曾经向我们销售过这些产品。

· 为什么有超过2—3项我们已知的信息在图面上，已得到印证的产品实验为什么会印刷在包装上？我们的大脑对此毫无兴趣。

这三条评论令人惊讶。品牌产品被越来越多的零售产品包围，它们不得不奋力拼搏，以期被看到。“如果你都没被看到，就别求被售卖出去”，这一言论提醒我们简化商品信息，以强调主要信息。

正如上文所提及的，一些公司“掌握了这一点”，并且在理解人脑的局限性方面做得非常好，所以它们的产品与消费者有着非常有效的沟通。

对于其他一些公司，为了让产品包装设计（正面、背面）在陈列架上显眼，吸引我们阅读，这里有几点建议：

规则 1：包装正面突出强势品牌，背面不再需要放置品牌。强势品牌意味着消费者购买的是一个有着强势产品的品牌。强势品牌可以是很大的商标，但也可以是有趣的图标 / 代言人、醒目的颜色 / 形式，或强烈的对比。毫无疑问，如果一个（雨伞）品牌公司做了这番考虑（公司品牌必须与产品品牌紧密联系），那么它定会取得最大的效应。

规则 2：一个极其有力的 RTB（信任的理由，或购买的理由）可以吸引新的顾客。商标或是图标的展现，不要轻言细语，请在图案的上方用醒目的方式将其突显出来。设计变得日益 3D 化，这正是当代产品的标志之一。可以从周报或周刊的头版获取灵感，周复一周，他们会知道该如何售卖。

规则 3：挖掘 RTB 时，如果以文字的形式呈现，请激发最优秀的广告撰写人的灵感，他知道文字的价值和影响力。如果 RTB 是诉诸食欲的话，你需要最好的食物造型师，让独特的口味、结构或大小给人留下印象。如果 RTB 是某一技术特征，那么你需要确保它能被准确地理解。如果做不到的话，你就是在浪费你的金钱。“把它做大”同时也意味着将它做得强有力和令人信服。

规则 4：通过以下这些方式，让产品包装的背面值得一阅：

· 持续不断的变化。你不会读到重复的文字。

· 文字短且大。记得以标题开头。消费者们不会阅读过小的文字。

· 如果你希望消费者与你联系的话，背面作为产品服务版面，需要一个“大”的网址。消费者的联系越多，营销支出就越有效。甚至，是否应该将网址置于包装的前版面?

这是一些关于做“大”设计的建议，为的是更好地抓住消费者的兴趣点。如果你没有做到的话，我建议你还是卧床休息吧!

我们的大脑是这样运作的，它最多只会关注一幅图上的 3—4 个部分，所以，你不会去看，也不会去读上图中的第二个“the”。

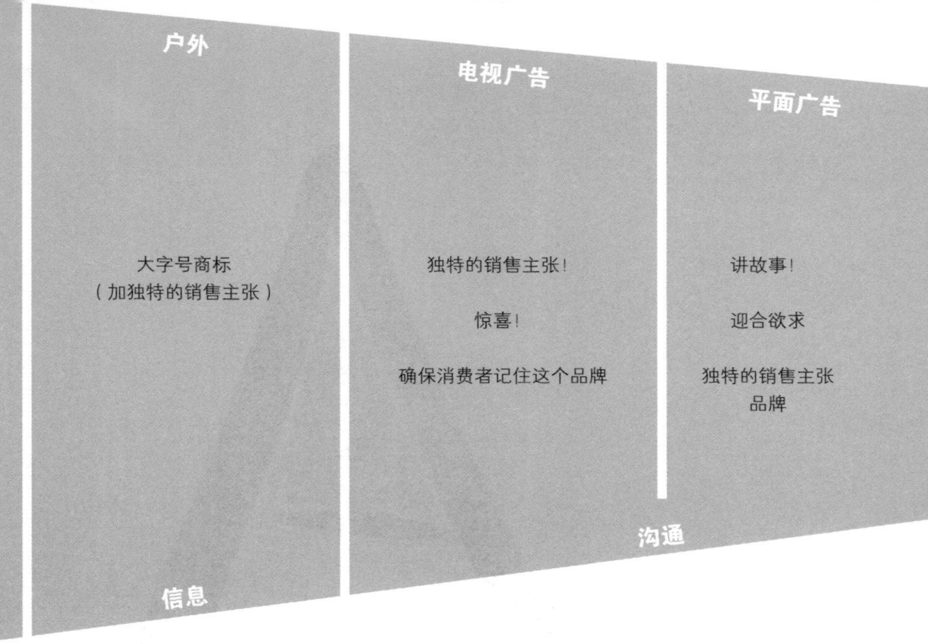

第十一课：媒介渠道

全方位交流

这章将说明，用最少的资金达到最大的效益并不需要采用多么复杂的方式。然而，实际上却只有极少数的品牌在今天能达到这个目标，不同的单位、部门或经理之间，往往存在着沟通上的裂缝。此外，手头上有决策权的沟通协调者非常少。

有这么一个共识，（通常几十页的）设计准则是进行有效沟通的途径，它定下了严格地使用商标、图标等之类的准则。基于半个世纪的包装生产、快速消费品公司（FMCG companies）的宣传展示展牌和广告实践，对此我持有大不相同的意见。我的坚持源于以下五条：

1. 市场在持续不断地变化；

2. 我们时常会学习到有助于改善沟通方式的新方法；

3. 科学技术不断给予我们新的材料、媒介，等等；

4. 我们设想出来的好的解决方式，有可能会被现实证明并没有我们设想的那么好；

5. 所有的手册 / 准则一般是正确的，但在具体应用时往往会出错，因为极少有一个市场会是另一市场的复制品。

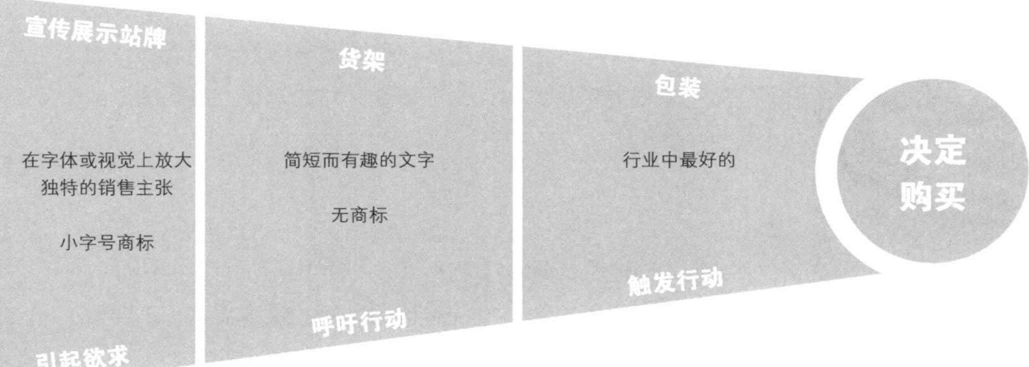

如何设计指导手册是另一单独章节的主题。每一种媒介都有自己的规则与局限。一种媒介也许最适合用于品牌促销，另一种则最适合用于产品促销。关于不同媒介的功能，这里有一个快速分析（户外、电视广告、周刊与日报、直邮、网站、消费者服务部、销售点以及包装。我省略了像赞助、抽样之类的媒介，因为对这些领域的活动我知之甚少）：

户外（建筑、卡车、公车，等等）

我相信，我们在这里犯了许多错，因为我们不接受我们大脑的有限性。我们认为客人 / 消费者 / 顾客对我们所做的会很感兴趣，高估了海报的影响力。不用说，室外策略或单独的海报是在告诉消费者我们（作为一个品牌）的存在，也许还可以加上我们的产品说明，但足矣。然而，今天 80% 的海报放入了太多的信息。

电视广告

如果是简短的电视或影院广告，我们需要：

· 让观者感到惊喜，即相对于其他品牌来说的与众不同之处；

· 品牌与产品两者都需要用“重锤”，让受众将其记住；

· 尽可能的情感化。

亨氏（Heinz）知道如何简化并放大他们的印刷广告。

如果在广告中展示包装的话，不应是全部的包装设计，而应是简化的视觉形象。并且，不需要完整的包装，展示局部或关键图样就足够了。

周刊广告

大量的时间，大量的空间！讲述一个故事！如果要让你的产品成为明星，可以尝试一种有趣的排版。减少文字，不要重复任何信息！让读者有意将广告撕下来，这样你就得到了更多的销售机会。

日报广告

大道至简。日报主要刊载新闻，广告影响力较小，但仍旧可以提醒读者你的存在。可以通过以下方式让你的广告变得有趣：

· 创造吸引眼球的排版；

· 放大你的“USP”（Unique Selling Proposition，独特的销售主张），尽可能强化你的品牌商标。

室内样品

大方一些，举办活动来扩大影响。聘用有着微笑面容的服务人员，简化包装设计，如果可能的话，在样品上印上“特价”（SALES）的字样。

消费者服务咨询

最好的声音，最好的声音，永远要最好的声音！销售产品，而不是品牌。

销售点

产品重于品牌。强调独特的销售主张！唤起行动（视觉的、语言的或象征性的）是必要的。让信息与消费者个人相联系，以便让他们参与进来。与众不同且尽量从简！品牌在这里是次要的，因为消费者感兴趣的是产品，而不是品牌。

货架广告牌

强调 USP 等购买的理由，而不是其他。做有趣的活动与设计，把它当做一场真实的交易。

包装设计

要想成为行业中最好的，请遵照以下五条建议：

（1）包装正面尽可能从简；

（2）将包装后面做广告或报纸页面设计，吸引消费者阅读；

（3）做平面设计之前先考虑材质与形状；

（4）夸大对比；

（5）出奇而有趣的排版；

当然，本章节的建议不可能完备无缺，但它们在尽量告诉读者，没有一种途径适应所有媒介。为了获得最大、最有效的影响力，即最为经济的方式，甚至修改视觉认知图像也不失为好途径，只要它不伤害到更为长远的品牌认知。（Toblerone 就是个很好的例子。）

祝您好运，产品大卖！

第十二课：我最喜欢的材料

木纤维

从事包装设计，所有的材料对于我来说都是有意思的，这完全取决于它们所包装的产品。金属罐头比饮料纸盒感觉更冰凉，优质酒不应装在 PET 塑料瓶里，而必须置于玻璃瓶中，等等。出生在瑞典的森林中，硬纸板，当然也是一种纸，就成为了我最喜爱的材料，出于这个简单的原因，我处理的产品大部分都用这种材料包装，例如冷冻食品、巧克力、谷物类早餐、宠物食品，等等。

在阐述木纤维带来的益处之前，必须提到几个消费者案例调查，这些案例都强调了消费者对于纸质包装高度满意的态度。即便如此，我也读到了关于金属与玻璃的相类似的评论。然而，塑料在消费者眼中则显得不那么有品质。

关于材料，西方世界的消费者得到了越来越多的教育，不论是在学校受教育的孩子，还是通过电视节目或网站，抑或是报纸上的文章。所有的信息都为纸板或纸质包装描绘出一副积极的图画，因为消费者们了解到：

1. 它便于循环利用；
2. 它可降解；
3. 它相当轻质；
4. 它来自于可再生资源，即树木；
5. 它易于焚化。每吨纸或纸板投入焚烧炉后生成生物能，可以替代石油。这些纸板再生的能量相当于 420 升石油，利用这种回收的能量可以避免 1200 公斤二氧化碳的排放。

目前为止甚好，但关于纸板还有很多需要阐述的内容，尤其从生态角度来说，大部分消费者忽视了这些优点：

1. 木材工厂砍伐一棵树的同时至少会新种两棵树；

2. 这些树吸收的二氧化碳比它们排放的要多，因为新树在生长时需要吸收二氧化碳，部分二氧化碳通过树桩和树根进入了土地；

3. 新树比老树吸收更多的二氧化碳，也就是说，砍伐老树并不会造成什么伤害！

4. 我们使用的纸板来自北半球，而不是婆罗洲或亚马逊；

5. 在未来的几年，许多纸厂将不会再利用更多的化石原料了，因为他们需要的能量将部分来自不用于制造纸板的树木；

6. 木纤维在初期非常长，可重复利用 4–5 次，之后才会因太短而无法制成纸。

我对于纸板如此着迷的原因还在于它能与其他材料相得益彰。瞧瞧库珀（COOP）品牌面包和罗伯特（Roberto）品牌的阿拉棒，它们将各种纸板与锡箔、蜡或塑料混合在一起。

今天的纸张几乎可以叠成任何形状。几年前，雀巢的一个谷物早餐（我认为是在 2006 年的足球世界杯时期），将包装纸盒做成了足球的形状。

尽管钢铁、铝，以及玻璃被认为是可以回复到其原始状态的材料，但纸板或纸张依旧被认为是更为天然的材料。

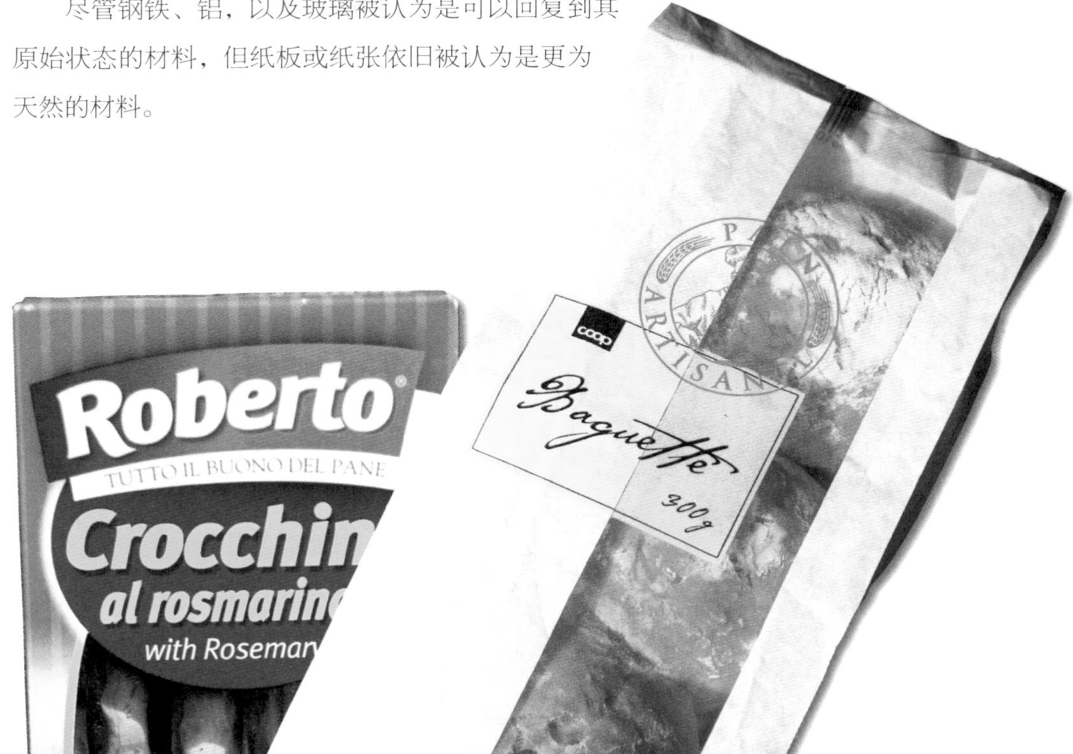

Toblerone 有着如此独特的三角造型，能随着季节或特殊事件的来临而自由地变换他们的艺术品。

第十三课：如何保持印象中的第一

“形”而至上

关于造型，重要的是独特、普遍而又具时代性。当你思考包装设计领域中的造型设计时，第一个跃入大脑的无疑是瓶子。塑料的或是玻璃的，它们的确可以以其独特的造型为销售点带来视觉冲击。瓶子不仅有着有趣的外形，还拥有有趣的内容。

要赢得消费者的喜爱，让你的产品在他们的脑海中保持前列，你可以通过独特而有趣的广告或销售点资料来达到目标。

然而，最好的方式是让你的产品拥有一个标志性的形状。独特且易于辨识的形状（可以是玻璃、金属、塑料或纸质的），其优势在于引起消费者注意，容易被他们回忆起，为此，你可以不断改变颜色、设计，等等。

欧洲市场上有小部分品牌成功做到了这一点，通过提醒消费者它们的存在而巩固其品牌认知。虽然我并不知道这些品牌的具体销售数据，亦不知其独特的款式设计是否提升了它们的销售量，但我知道的是：

· 得益于科学技术（多功能打印机、套管），印制 / 生产这种特殊款式的产品的成本降低了；

· 拥有独特的款式设计，在货架上较为显眼，继而易被注意到；

· 独特的款式设计可以产生“免费广告”的效果，这得益于出版物或电视 / 广播在发布其信息时的文字解说。

ELFRIDG
ABSOLUT®
Selfridges
100
Absolut would like to congratulate Selfridges on its centenary. Open to the world since 1909, Selfridges offers the ultimate in shopping experiences from the unique to the extraordinary. Absolut celebrates one hundred years of shopping in style, with Absolut Selfridges 100. Vodka has been sold under the name Absolut since 1879.
50% ALC./VOL. (100 PROOF) 700 ML.
LIMITED EDITION
PRODUCED AND BOTTLED IN ÅHUS, SWEDEN
V&S VIN&SPRIT AB (PUBL)
Coca-Cola

IN AN ABSOLUT WORLD
ABSOLUT VODKA
EVERY NIGHT IS A MASQUERADE
ABSOLUT
Selfridges
100
LIMITED EDITION
IMPORTED VODKA
ABSOLUT DISCO
ABSOLUT
VODKA
LIMITED EDITION

evian
evian
evian
2004
evian

Coca-Cola
Coca-Cola
Coca-Cola
light
可口可乐
Coca-Cola
可口可乐
Coca-Cola
Coca-Cola

卡夫食品（Kraff Foods）的三角巧克力品牌 Toblerone 比其他品牌都深谙此道。他们知道，只要坚持三角形的造型、黄色背景，以及个性化的排版印刷，他们可以为复活节、圣诞节、父亲节、情人节等策划特殊的款式。但如果款式不成功的话，这些特殊设计的产品就很容易被店主挪走。

塞尔福里奇公司（Selfridge）百年庆的时候生产出好几种黄瓶子（POP 香槟、伏特加，以及可口可乐），用的是他们企业的标志性颜色——黄色。毫无疑问，这些瓶子若干年后能值高价（当时只生产了极少数的伏特加）。特殊版本的依云（EVIAN）瓶子在 eBay 上已经卖到了极高的价格。

在独特版本的设计方面非常突出的显然是可口可乐。针对圣诞节（圣诞老人成为可口可乐的发明者）、奥林匹克运动，或苏格兰诗人罗伯特·彭斯（Robert Burns）诞辰 250 年周年，塞尔福里奇公司都设计了独特版本的可口可乐。

独特版本的巨大吸引力几年前就已经被证实了。联合利华（Unilever）公司的马麦酱（Marmite）品牌为爱尔兰圣帕特里克节（St. Patrick's Day）生产了一款独特的健力士啤酒调味品。在短短几个小时内，25 万瓶调味品就销售一空。当你的版本具有标志性之后，你能想象它的潜力吗？近日绝对伏特加售出一类不带商标的版本，即不再在瓶子前面印刷内容。这也意味着其有着相当程度的自信！祝贺它！

从以上我们可以学到什么呢？将金钱投入包装或瓶子的设计无疑是值得的，用这样的方式确保它独特的造型，也就是打上它的商标。也许包装生产会花费更多的金钱，但如果有好的设计，你的包装会成为你产品的广告媒介。那么，在店铺 / 商场 / 精品店外，最有效的宣传途径会是什么呢？（产品包装本身）

第十四课：低价销售的食品包装

管类

如果我没弄错，三大利用塑料管或铝管作为食品包装的主要市场是：斯堪的纳维亚、德国以及瑞士。真是奇怪，这种包装用在面包涂抹料、芥末、蜜糖、蛋黄酱等产品上的时候，竟如此实用。

我是瑞典人，但我生活在瑞士，我的生活离不开三件软管制品：

· 我的牙膏（品牌也许不一样）；

· 我的汤米牌（Thomy）芥末；

· 我的瑞典凯乐斯牌（Kalles Kaviar）烟熏鱼子酱。

在产品界，食品或饮品大概是最传统的一类了。如果一种甜食，如雪糕，已是全球化的，那么几年之内它的主要配料都不会改变。香草味、草莓味以及巧克力味占到了全部销量的至少80%。联系其他类型的包装，我们会发现相类似的情况。我们希望牛奶装在纸盒包装里（比如利乐包、康美包，等等），希望酱料或速溶咖啡装在玻璃罐子里，希望玉米片放在纸盒里，希望酒水放在玻璃瓶里。

因此，促销管类食品极具挑战。如果你希望能对消费者的行为起到作用的话，你需要钱来支付广告或样品这两种媒介。

新包装或新产品的最佳促销途经是在销售点上，管类包装能在那里获得极大优势。将管类物品倒转过来放置在托具里，使其易于抓握，然后在托具上印上较有说服力的呼吁购买行动的文字，这无疑是销售的绝佳途径。但在这里，我们又一次遇到了“包装两难”的问题，让包装，即产品在销售点上更具吸引力，我们要降低开销，而不是增加开销。

全方位提升包装是推出一种成功产品的关键，包括零售包装、陈列盘包装，以及最后的承运物（外包装）。然而，这一点却很少做到，因为每一种包装都被视为独立的。

在雀巢工作的40年，我认为这种全方位的设计从未完成过，因为责任人，即品牌经理，总是对托具或承运物很感兴趣，所以它们都由代购部门、物流部门以及生产部门来设计。托具或承运物并不被认为是销售的门面。很是奇怪，因为印刷销售信息与品牌商标的支出是一样呀！

汤米牌芥末的图片清楚地展示了认真对待托具并且印上销售信息的重要性，它有利于刺激销售。

如果你的销售团队很棒，这些托具可以被放置在肉类与调酱区，或许也可以放置在三明治面包的旁边。

今天的食品包装关乎的是全方位的可视画面，也就是说要抓住每一个机会让产品被消费者看见，不管是在店内还是店外。管类产品的造型非常特殊，相对于其他类型的食品包装来说，它有着莫大的优势。

Gibt's besser：还有比这更好的吗？

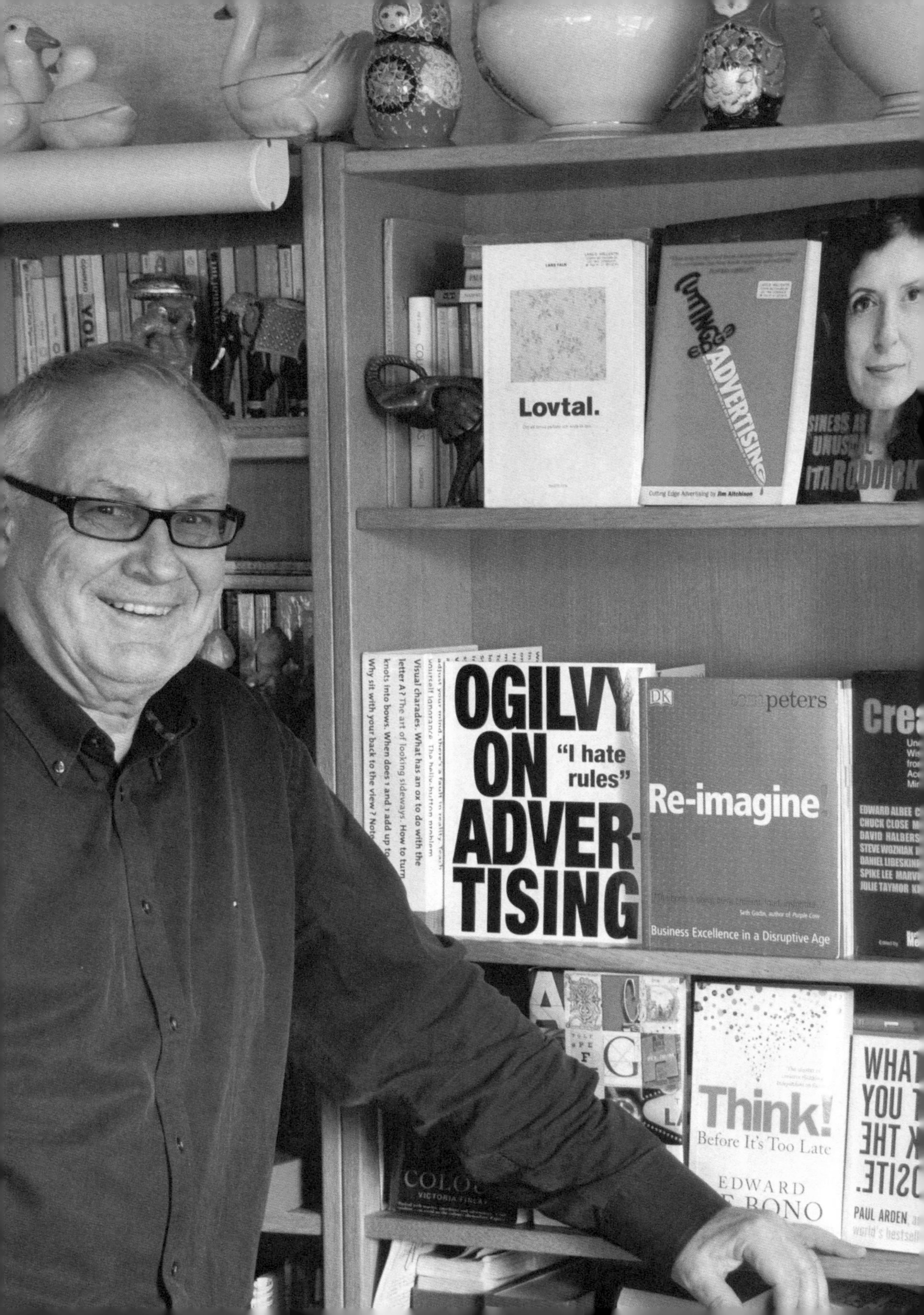
Lovtal.
Cutting Edge Advertising by Jim Aitchison
OGILVY ON ADVERTISING
"I hate rules"
Re-imagine
Business Excellence in a Disruptive Age
Think!
Before It's Too Late
EDWARD
PAUL ARDEN

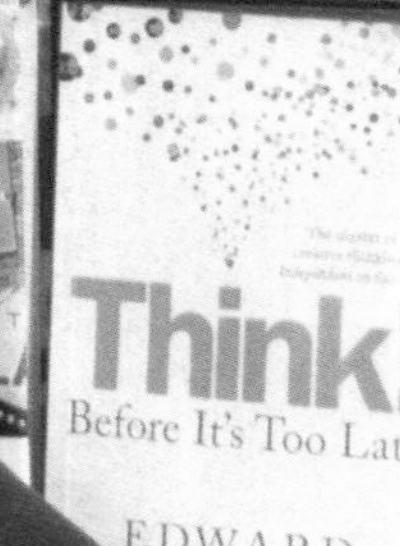

第十五课：要阅读的书籍

包装设计者应该阅读的书籍

我经常被问到这个问题："你从什么地方汲取创意？" 答案是："主要用双眼观察，走访销售点，保持好奇心。"这些就是我所说的大脑视觉植入。然而，这些图像需要刺激才能变得有价值，而这些刺激则来自我的言语记忆，来自我阅读过的书籍。

在商业沟通中，视觉与言语相辅相成。因此，我把握一切向专家学习的机会——排版、设计、管理、营销等各方面的专家。

我已经注意到，大多数学校并未提供"推荐阅读的书单"，所以我要在这里列一个书目清单，这些书对我产生过重要影响，并且在设计方面与人际关系方面有助于我进一步提升。实际上，在处理设计项目之前，更要学会处理人际关系问题。

如果读者有其他提议，请告知我，如果将来有新版本的话，我会将它们收录其中。

我如何找时间阅读呢？正如生活中的一切事物，这是一个关于优先安排的问题——你如何安排旅游，花多少时间独处。我更喜欢搭火车，这样我可以平静地阅读，而不是奔波在机场。我更喜欢躺在旅馆房间的床上读一本好书，而不是出去吃喝玩乐。我也喜欢逛书店。

以下是我的推荐。我将它们分为下面几个部分：

1. 充实生活的常识类；
2. 设计类；
3. 营销类；
4. 商业类；
5. 排版印刷类；
6. 品牌特性类；
7. 艺术类；
8. 创造性；
9. 表达类。

1. 常识类

第一本要阅读（至少要浏览）的书是理查德·D. 刘易斯（Richard D. Lewis）的《当文化碰撞时》（*When Cultures Collide*，尼古拉斯–布莱雷国际出版社[Nicolas Brealey International]），现在已经出版到第三版，是了解全球各种不同文化的优质读物。

接下来的两本告诉我们什么叫工作：乔恩·M．亨斯迈（Jon M. Huntsman）所著的《胜者永不欺骗》（*Winners Never Cheat*，沃顿商学院出版社[Wharton School Publishing]），以及莱瑞·温特（Larry Winget）的《话说为意义而工作》（*It's Called Work for a Reason*，哥谭出版社[Gotham Books]）。这是必需的两本书！它们阐述了诚信、慷慨，以及每一天的价值，极具启发性。

如何你想知道如何克服你的羞怯，以及学习“如何与任何人，在任何时间、任何地方交流”，请阅读拉瑞·金（Larry King）的同名书籍《如何与任何人，在任何时间、任何地方交流》（*How to Talk to Anyone, Any Time, Anywhere*）。

在这里也许没必要提到，但由劳伦斯·J．彼得（Laurence J. Peter）和雷蒙德·赫尔（班姆）（Raymond Hull [Bantam]）合著的《彼得原理》（*The Peter Principle*）有极大的阅读价值。

理查德·卡尔森（Richard Carlson）的《别为小事抓狂》（*Don't Sweat the Small Stuff*）很易于阅读，我最喜爱的商业作家查尔斯·汉迪（Charles Handy）所写的书也易于阅读。我喜欢《新炼金术士》（*The New Alchemists*），但《觉醒的年代》（*The Empty Raincoat*，也译作《空雨衣》）和《大象与跳蚤》（*The Elephant and the Flea*），以及他的自传《思想者：查尔斯·汉迪自传》（*Myself and Other More Important Matters*）更值得一读。

我翻阅最多的无疑是罗热（Roget）的词典，内有约 25 万个单词、短语与同义词。

关于常识类书籍，大致就这些吧。

2. 设计类

该领域的主要出版者无疑是费顿出版社（Phaidon），其三卷本的《费顿设计经典》（*Phaidon Design Classics*）是设计界人士的必读书籍。

特伦斯·康兰（Terence Conran）的《特伦斯·康兰论设计》（*Terence Conran on Design*）有许多精选案例。伯利·迈卡洪（Beryl McAlhone）和大卫·斯图尔特（David Stuart）的《会心一笑》（*A Smile in the Mind*），把对平面设计感兴趣的人带入一个创意旅程，鲍勃·吉尔（Bob Gill）的《忘记所学平面设计规则，包括本书中的规则》（*Forget All the Rules You Ever Learned about Graphic Design, Including the Ones in this Book*）也是如此。

保罗·兰德（Paul Rand）的《从拉斯科到布鲁克林》（*From Lascaux to Brooklyn*）与《设计、形式与混沌》（*Design, Form and Chaos*）充分显示了他的非凡之处。

3. 营销类

杰克·特劳特（Jack Trout）和艾·里斯（Al Ries）的《22条市场营销黄金法则》（*The 22 Immutable Laws of Marketing*）是第一本要读的营销书，大卫·奥格威（David Ogilvy）的《一个广告人的自白》（*Confessions of an Advertising Man*）与《奥格威论广告》（*Ogilvy on Advertising*）也需要阅读。马克·寇比（Marc Gobé）的《情感品牌》（*Emotional Branding*，阿尔沃斯出版社 [Allworth Press]），塞尔希奥·齐曼（Sergio Zyman，前可口可乐首席营销官）的《可口可乐营销革命》（*The End of Marketing as We Know It*），以及吉姆·阿其森（Jim Aitchison）的《广告前沿》（*Cutting Edge Advertising*，普伦蒂斯霍尔出版社 [Prentice Hall]）都是有趣的读物。其实还有更多营销类书籍值得一读，只是我并未将重点放置于此，我从中所学的营销技巧都用来解决雀巢公司的沟通问题。

在此，我不得不提及杰克·特劳特的《终结营销混乱》（*In Search of the Obvious: The Antidote for Today's Marketing Mess*），以及马丁·林德斯特伦（Martin Lindström）的《购买学》（*Buy.ology*）。

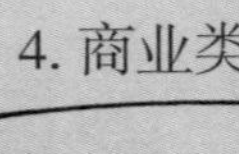

4. 商业类

我最喜欢的作者是安妮塔·罗迪克（Anita Roddick）。她的《打造美体小铺》（*Business as Unusual*）是一颗真正的宝石！李·艾柯卡（Lee Iacocca）的《有话直说》（*Talking Straight*），以及简·卡尔宗的（Jan Carlzon）《关键时刻》（*Moments of Truth*，宝林格出版社 [Ballinger]）可能有些过时。最近出版的《市场大亨》（*The Big Moo*），由企鹅出版集团（Penguin）的赛斯·戈丁（Seth Godin）主编，a.o. 马尔科姆·格拉德威尔（a.o. Malcolm Gladwell）、汤姆·凯利（Tom Kelley）和汤姆·彼得斯（Tom Peters）撰文。

乔纳斯·里德斯特罗勒（Jonas Ridderstråhle）和谢尔·A. 诺德斯特姆（Kjell A. Nordström）的两本书《商业新潮》（*Funky Business*）和《卡拉 OK 资本主义》（*Karaoke Capitalism*），以及杰夫瑞·J. 福克斯（Jeffrey J. Fox）的《如何成为 CEO》（*How to Become CEO*），都是非常有趣的书籍。大卫·福斯（David Firth）的《如何使工作有趣》（*How to Make Work Fun*）是很有必要阅读的一本书，尤其在时下的环境中。

如果你需要演说的引语，可以利用查尔斯·罗伯特·赖特福特（Charles Robert Lightfoot）的《商业用语手册》（*Handbook of Business Quotations*）。不能错过汤姆·彼得斯以及他的《重新想象》（*Re-imagine*），这本书非常完整（布局、内容，等等），我可以在整个 8 类书籍中都提到它。

还有两本书，我不知应将其放入哪类书籍中，因为它们既谈了设计，又谈了营销：保罗·亚顿（Paul Arden）的《重要的不是你有多好，而是你想有多好》（*It's Not How Good You Are, It's How Good You Want to Be*，费顿出版社）与《不管你思想什么，思考一下它的反面》（*Whatever You Think, Think the Opposite*，费顿出版社）。相较于大且沉的书籍，我更喜欢小巧一类，所以这些书成为了我最喜爱的书籍。

5. 排版印刷类

我所研习的关于排版或字体的书籍，大部分都是瑞典、法国或德国的著作。我只打算列举英语书籍，所以它们不会出现在这个书单中。有一本英语读物我建议大家阅读，即大卫·萨科斯（David Sacks）的《字母表》（*The Alphabet*），这本书为语言考古注入迷人的活力，阐述了组建英语字母表的 26 个字母背后的神秘意味。

6. 品牌特性类

企业认知与品牌特性类，总是图书馆内藏书最为丰富的部分之一。似乎每个人都想将这些流行的世界品牌作为写作的主题，例如可口可乐、耐克、宜家（IKEA）、苹果。我浏览了一摞书，但只有两本留在了我的书单中：凯文·罗伯特（Kevin Robert）的《至爱品牌》（*Lovemarks: The Future Beyond Brands*，动力工作室图书出版公司[Power House Book]），以及丹麦人佩尔·莫勒鲁普（Per Mollerup）的《卓越的标志》（*Marks of Excellence*，费顿出版社），他在设计界内极富才识。

7. 艺术类

有成千上万本书……这仅仅关乎于你喜欢什么样的画家、什么样的建筑师、什么样的雕塑家。然而，有一本书吸引了许多读者（尽管它只有极少量的插图），即维多利亚·费雷（Victoria Finlay）的《色彩：颜料盒的畅游》（*Colour: Travels through the Paintbox*）。

8. 创造性

有一点是肯定的，你无法只通过阅读有关创意的书籍而获得创意。获得创意比阅读书籍更难！但是，阅读爱德华·德·波诺（Edward de Bono）的作品有助于发展我们的“创造性思维”。他关于横向思维的书籍的销售量已达数百万，其最新著作是《思考！以免为时过晚》（*Think! Before It's Too Late*，中译本为《这才是思维》）。我最喜爱的是艾伦·弗莱彻（Alan Fletcher）的《斜视的艺术》（*The Art of Looking Sideways*），以及赫尔伯·迈耶斯（Herb Meyers）和理查德·格斯特曼（Richard Gerstman）的《创造性：来自20个聪慧大脑的非传统智慧》（*Creativity: Unconventional Wisdom from 20 Accomplished Minds*）。

9. 表达类

我喜欢用一种令人信服的方式讲述与呈现新设计。新近出版的卡迈恩·加洛（Carmine Gallo）的《乔布斯的魔力演讲》（*The Presentation Secrets of Steve Jobs*，麦格劳－希尔教育出版集团[McGraw-Hill]）无疑可以帮助读者销售他们的理念。

现在，我只阅读商业书籍吗？当然不是！这是我最喜爱的五本书：纳尔逊·曼德拉（Nelson Mandela）的自传《自由漫长路》（*Long Walk to Freedom*），布赖斯·考特尼（Bryce Courtney）的《一个人的权势》（*The Power of One*），杰克·凯鲁亚克（Jack Kerouac）的《在路上》（*On the Road*），保罗·索鲁（Paul Theroux）的《繁荣的铁路商店》（*The Great Railway Bazaar*），阿斯特里德·林德格伦（Astrid Lindgren）的《菲菲的长筒袜》（*Fifi Longstockings*）。

至此，对于读者们来说，需要建立自己的书库！它与我的会有很大不同，但也许你可以从以上的书目中汲取些许灵感。

Guidelines are right on average but always wrong in particular

UNKNOWN

指导手册一般来说是正确的，但在特殊情形下经常是错误的。

第十六课：代理机构

如何同代理机构合作

1. 有必要同你的供应商维持长期合作关系。

2. 时常同创意人员沟通，他们可以将你的简述以视觉方式呈现在你面前。

3. 按部就班地工作，例如，首先是品牌特性，其次是信任理由，然后是包装，最后是其他媒介。

4. 尽量避免在花销 / 价格上的商洽，将重点放在结果上。

5. 尽量与你的供应商有面对面的接触。

6. 绝不通过邮件简述或接受设计。

7. 执行前先对理念进行判断，这样会更迅速、优质，且更经济。

8. 注意：大多数所谓的包装设计代理机构实际上只是“平面工作室”。

9. 时常介绍你的设计并同合作伙伴一起沟通。

10. 绝不与提供 6 种（或更多）解决方案的代理机构合作。

11. 要求你的代理机构提供商业及设计解说——当你将其销售给你的老板时，你会用到它们。

12. 尽可能多地复制你的沟通合作商提供的有关设计的信息，如文字。

13. 成功的理念往往来自顾客与合作商之间的合作，所以参与越多，创造力越强。

14. 不要给设计代理或广告代理机构过多的时间。如果他们优秀的话，通常可以立即给出解决方案。如果不是，改换代理商。

15. 不要询问消费者们在想什么，而是询问那些知情之人（如高层管理人员、同事，尤其是老员工、专家、视觉工作者，等等）。

这些只是我的一些经验。请采纳你觉得有价值的！

第十七课：承运

承运即广告

百年前的第一个瓦楞纸盒仅仅是用来将许多零散的小物件集聚一起，历经多年，这个功能并未改变，但是另一个同样重要的功能出现了，即品牌及产品信息的承载功能。正如本章标题所言的："承运即广告"。

技术/采购部门应该擅长的是：

· 选择正确的包装物（与承受力/价格相关）；

· 选择最经济的结构；

· 降低开销（印刷、克重，等等）；

· 提供必要的商业信息，如数量与条形码。

营销部门应擅长的是：

· 将商标最大化（承运物通常是隔着一定距离被看到）；

· 选择有吸引力的图形；

· 传达 USP（独特的销售主张），或产品名称/产品优势。

相关的技术/生产人员与营销人员，坐在一起设计需遵循的总步骤，列出以上六个方面的不同信息，这一点十分重要。这可以避免因在某一方面信息重复而导致设计过度却无实际影响与意义之类的普遍性错误发生。

如何设计承运物？有些可以遵循的原则，但必须清醒地认识到：一条法则无法解决所有问题。一个准则在通常情况下会是有效的，但在某一特殊情况下往往并不合适。常识判断需先行！

1. 商标必须是最主要的元素，除非包装上独特的品牌识别物（比如图像）更有力量（如 Nesquik Quicky 的兔子、Kellogg's Tony 的老虎）。拣取机需要一个清晰的条形码，但别忘记单独一个卡通图比一串编号更具视觉冲击力。

2. 关于商标颜色。在色彩识别方面的节省极不经济，尤其是在今天苯胺印刷机可以处理六种颜色的情况下。

3. 产品名称可以成为独特的销售主张或广告语，它能使其更具冲击力，不过这要依法律而定。

4. 正如标题所说——“承运即广告”——极有可能将主要的承运板变为广告。因此，建议重组设计元素，让它们构成一个有意思的广告，而不只是单纯的品牌信息、名称，等等。没有人决定过企业商标必须在左上角，也没有人认为产品名称是必需的。像奇巧这种大品牌甚至不需要产品名称。

5. 条形码、储存信息，以及其他法律条文应放在版面的最后。

大多数承运箱有两个较大的面，建议尽可能在这两面提升商标效应。库储信息放在顶部的一面，大多数承运箱都是堆叠放置，长短交替向外，足以让条形码和法律条文出现两次。

底部应放置没有沟通价值，但由于法律原因而需要出现的文字。

对于促销活动来说，可以让促销信息尽可能“叛逆一些”；如果商标已经被熟知，那么促销信息甚至可以部分覆盖商标。承运箱的最后一站往往是超市、现金结算店铺、商场，或在商店外敞开的卡车上，都不要失去强化品牌特性的机会。这种在视觉上强化品牌的方式，不会造成任何额外的开销。金吉达品牌（Chiquita）深谙此道。

利德尔（Lidl），不需要商标，清楚地知道要让他们的商店色彩斑斓，多亏了那些苯胺印刷的承运箱。

行动是通往知识的唯一路径。

规则可以被打破，但绝不能被忽视。

第十八课：我的字母

从A到Z的包装设计

几年前，我写了一篇《从 A 到 Z》的包装设计文章，发表在瑞典的 *Nordemballage* 杂志上，得到高度评价，因为它可以让人接触到包装设计的各个方面。作为一个变化，你现在看到的字母，不是从字母 A 开始，而是从 F 开始。F 是指“快”（Faster），因为我发现“快”是当今最重要的话题，让我们出发吧！

- 设计一个新的包装或者改进我们的包装设计，越快越好。
- 信息越简单，消费者可以越快地了解你的设计。
- 在货架上的周转速度越快，产品越新鲜。
- 生产线转得越快，成本越低。

著名的绝对伏特加品牌的瓶子，可以代表我们当今为了不被抛在后面所需要的速度。

我觉得“拿”（Grab）是包装设计方面的一个关键词，因为如果你不拿货架上的产品，就没有销售！包装设计的形状和材料是很重要的，触觉作用绝不应低估。由于有绳子，你可以很容易地提走装在盒中的葡萄酒。汉高的拿洽（Le Chat）大塑料瓶特别款因为提手的不同，显得非常特别（参见下文关于“U”的介绍）。

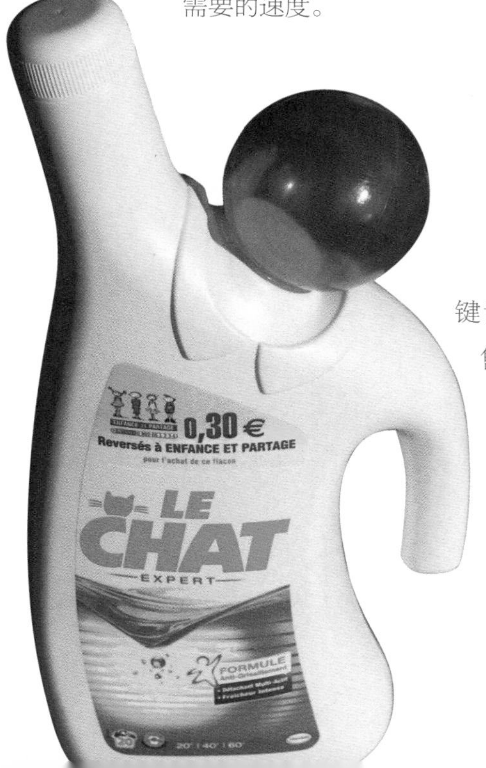

在食品世界里把快乐（Happy）体现得最淋漓尽致的，毫无疑问要数《原味主厨》电视系列节目（*The Naked Chef*）。一个快乐的消费者重复购买相同的产品，这就是我们业务的根本任务。为了增加消费者的快乐体验，我建议丰富口味、方便携带等，尝试各种方式让消费者感到快乐！

包装在货架上要有冲击力（Impact）的重要性不言而喻。冲击力来自形状、布局和简洁（例如家乐氏玉米片）。简单一些，会更好（例如卡尔胡熊[KARHU bear]）。更简单、更有力的文字会更好（例如电池品牌[Battery]）。简化是为了放大重要的信息，删除不必要的信息，从而突出能够帮助销售的关键信息。

为了庆祝各种节假期，设计特别的款式是今天增加销售的必要手段之一。复活节、斋月、中国农历新年等，还有诸如戛纳电影节之类的特别活动（如圣培露），或只是冬季装（如妮维雅），经常变换主题来庆祝（Jubilate）。这让我们的生活更精彩！

一个有经验的包装设计师应该熟练应用以下几个方面的知识（Knowledge）：

· 材料（如鸡蛋包装）；

· 形状和形式；

· 排版印刷和易于阅读；

· 象征主义；

· 生态和可持续发展；

· 布局；

· 图形；

· 食品摄影和造型（实际上，应注重任何产品的造型，无论是宝石、灯罩还是洗发水）；

· 触觉的作用（如金巴利[Campari]）。

我的朋友罗伯特·莫纳汉（Robert Monaghan），是英国最多才多艺的设计师之一，他有句话说得特别好："如果包装设计成为奥运会正式比赛项目，这将是十项全能赛事！"

没有任何指导手册会给你一个独特的包装设计的最佳解决方案。忘记常见的做法，比如企业的商标在左上角。首先决定各种设计元素的层次结构（Layout），然后创造惊喜！ 商标可以在中间（比如家乐氏的fruit'n fibre），如果你有更有趣的东西要展示，甚至可以不显示产品（比如雀巢纤怡[Nestlé fitnesse]）。

提供比消费者的期待更多的（More）东西，他们就会重复购买你的产品！重复并在一个给定的框架下有所变化。慷慨一些！我相信任何针对孩子的包装都显得很慷慨。

如果你想传达食品的营养（Nutrition）信息，可以集中体现那些容易理解的因素，比如卡路里、纤维和维生素 C。在这里沟通很重要，而不只是简单的信息告知。营养同时必须结合美味的插图。我认为乐购（Tesco）在比非（Beefy）的设计上犯了错误。就我个人而言，我非常喜欢奥地利的纯天然品牌（ja Natürlich）系列的设计，这些原则在达能（Danone）的酸奶包装设计上都有所体现，充分体现了健康美味！

集中精力重复信息！消费者越经常地（Often）注意到你的产品 / 品牌，效果会越好。不断变化关键性的视觉形象是一种吸引消费者注意产品 / 品牌的存在的方式之一。卡夫公司的三角巧克力品牌 Toblerone 每 3—6 个月就会做一次包装变化，百吉福的小天使（Caprice des Dieux）奶酪也是如此。

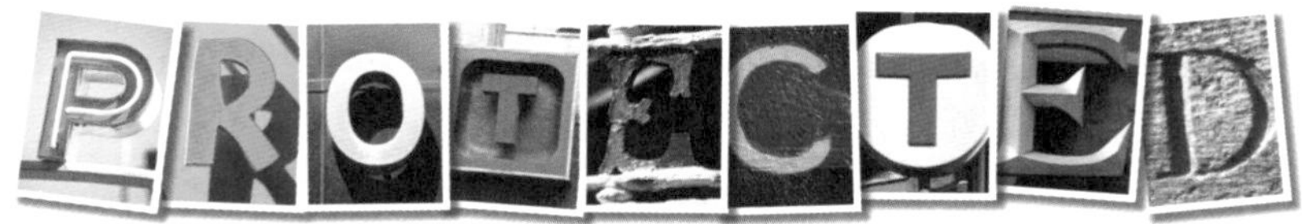

经常将与众不同的东西融入你的设计（参见下文关于“U”的部分），比如形状、材料、简单开放的特性或独特的命名（比如“我不能相信这不是黄油”[I can’t believe it’s not Butter]），以获得版权保护（Protected）。

什么是品质（Quality）？由于品质经常是一个个人的偏好与鉴赏问题，因此很难做判断。宜家的品质怎么样？麦当劳（McDonald）的品质呢？我以为不过如此，并不是高品质的产品。同时，我认为，包装设计几乎总是可以提升产品的品质，看看费列罗（Ferrero）的蒙雪丽利（MON CHERI）巧克力的礼品装！

能让我引述彼得·德鲁克（Peter Drucker）、贝蒂·卡特（Betty Carter）和一位无名氏的话吗？

> 既存在你可能承担不起的风险，也存在你无法避免承担的风险（德鲁克）；
> 除非你承担风险，否则一切都不会有创意（卡特）；
> 没有风险的创意不能称之为创意（无名氏）。

很多年前，我参加了一个项目，雀巢英国公司决定将他们的约克（YORKIE）巧克力棒称为“非女孩产品”（IT’S NOT FOR GIRLS）。他们的冒险（Risk）取得了巨大收益！仅仅几个月，由于包装设计和广告创意，他们的这款英国巧克力产品的销售量排行从第 13 位上升到第 7 位。如果你希望有冲击力，包装与广告需要齐头并进，他们做到了！

SECONDARY PACKS

我们通常将二次包装装运箱（Secondary Packs）称为外包装箱，即承运箱。大多数承运箱今天仍是棕色纸箱，但某些类别，例如啤酒品牌，已在外包装箱设计方面投入大量资金，以突出商标、品牌形象代言者或销售信息。我最喜欢奇奎塔（Chiquita）的外包装箱设计，同时也钦佩德国利德尔的设计。

有多少人真的能体现设计的功能性？如果我说有一半，可能都太过乐观了。我不明白，人可以在月球上行走，但我们制造一个有效的包装模具却是那么艰难。情感可以激发购买，但是功能性的元素也能产生重复购买行为，所以要保证封口胶（Tear Strip）等其他打开包装的细节的功能畅通无阻。

我不认为我可以提供一个比雀巢的奈斯派索胶囊式咖啡机更好的例子！是的，雀巢胶囊式咖啡是很好的咖啡，但你可曾想过，它更是通过设计在销售产品？雀巢胶囊式咖啡机经过精心设计，门店也是，俱乐部杂志、咖啡密封袋和管状外包装，等等，雀巢都做得很好，独一无二（Unique）！

VISIBILITY

如果你没有看到，你不能可能去购买……就那么简单！要可见（Visibility），你需要使之变得独特、简单或两者兼具。你也需要进行全方位的媒体沟通。法国的巧婆婆（Bonne Maman）果酱品牌的包装是一个很好的例子，你会发现它们今天在欧洲随处可见。

包装设计的作用体现在家里、在商店的货架上，甚至在进到超市之前的仓库里（Warehouse）。产品供应链需要明确的信息（产品编号、条形码），同时纸箱或销售物件也要便于处理。

X 代表 10

设计一个好的包装，以下 10 项很重要：

- 简化和放大；
- 惊喜；
- 讲述一个故事；
- 三维设计；
- 可以很容易地打开；
- 在同类别里做到最好；
- 永远都有一个令人信服的购买理由或者行动呼吁；
- 选择合适的材料；
- 沟通，而不只是告知；
- 即使是包装背面，也设计得像你的日记本一样有趣。

容量（Yield）是你真正所得。容量是重要的，可以据此判断产品价格和消费者对产品 / 包装质量的认知。法律顾问感兴趣的是产品的重量和体积，而消费者关心的是分量。因此，包装必须提供给消费者、供应商、运营商共同关心的信息——容量。

容易打开的封口（Zipper）是如此重要，但也容易被忽视！这就是其为什么两度出现在字母表中的原因。

我的职业生涯大部分在从事食品和饮料工作，我使用的术语“食欲诉求”（Appetite Appeal）不仅适用于食品 / 饮料产品，同样适用于其他快速消费品，甚至可以延伸到宠物食品包装上猫或狗的呈现方式（在这种食品包装中，食品本身的重要性明显弱一些）。在本书的其他章节里，你可以找到很多关于食物摄影、食品造型或插图的设计，我在这里只是重复说明一下让食品和饮料吸引观众眼球的几个关键点：

- 做“大”设计！
- 侧重于基本信息！
- 让你的产品外观更诱人！
- 别做得太完美！
- 要慷慨！
- 使它尽可能新鲜！
- 用令人垂涎的词汇！
- 注意尺寸、结构和颜色！
- 不要忘记窗口！
- 有动感的食品比静止的更有吸引力！

请把幕后支持团队（Back Panel）称为“服务小组”，因为消费者接触到的公司员工代表着其品牌或公司。

包装上的文字要简短、有趣和清晰。这和图形设计一样需要时间。所有包装上的广告文字（Copy）都必须：

- 短而简单；
- 容易理解；
- 容易阅读（字体大小、朝向和对比度）；
- 彰显味道或使用产品的体验；
- 鼓励重复购买；
- 使用描述性词语，比如芳香、味道浓郁、香脆、香浓等；
- 有趣，并经常结合符号理解；
- 由专业人士撰写！

Nestlé®

Shredded Wheat™

18 BISCUIT

100% WHOLE GRAIN WHEAT®

Serving Suggestion

REDUCING SATURATED FAT

CAN HELP LOWER CHO LESS TEROL*

*AS PART OF A LOW FAT DIET AND HEALTHY LIFESTYLE

外包装（Display）纸箱是零售环境中最重要的包装。在包装箱上我们以鼓动性的插图或文字吸引消费者购买。大多数外包装纸箱设计都走入了误区：与产品包装一样，只简单地重复体现了品牌标识。事实上，品牌的色彩、图形和能引起食欲的画面比品牌标识更加重要！

现在我们已经走遍了整个字母表，来到了最重要的字母“E”，即情感（Emotion）！没有情感，也就没有销售、没有消费、没有乐趣、没有重复购买行为。当被问到为什么购买时，大多数消费者会尽量找一个合理的答案，但老实说，我们必须承认，我们在生活中做大多数事情时都是出于情感上的原因！

对于这部分，并不难选择一两幅插图作为例证（之前的字母部分有很多很好的例子）。这里我要讲美国玛氏公司的M&M's巧克力豆和雀巢公司的聪明豆（Smarties）巧克力的包装，还有在芬兰销售的雀巢冰淇淋包装上的企鹅形象，它们都富有情感！只可惜，吸引胃口的图形在包装背后，而全球分销联盟（GDA）信息在前面。但我常说，“你不能总是做到完美”。

第十九课：吸引眼球

布局

设计一个包装、广告、售点促销品或任何印刷品时，布局决定内容。如果布局很无聊、没有任何惊喜或有吸引力的元素来吸引你的眼球、引你进入故事情境，那你既不会读文字，也不会看图片。

包装设计的正版面通常布局均衡并且非常有趣，设计师和营销人员知道如何用轻松愉悦、易于理解的颜色、文字、图像、商标来吸引消费者。尽管如此，我认为包装设计与周报或者日报等同类的商业设计相比，还处于一种非常传统的状态。我经常购买不同的期刊并且不断地发掘更有趣的设计布局。其中德国一个名为《时间》（*Die Zeit*）的周刊给我启示最多：

· 其插图与《时代周刊》（*Time Magazine*）等其他周刊一样，打破了标识的排列；

· 文章标题选择的是一种被称为 Tiemann-Antiqua 的波多尼（Bodoni）字体，而所有的正文都用一种期刊很少采用的名为加拉蒙（Garamond）的典型的书籍字体。

我随机选择了一些头版页面，希望能激发读者将同样的设计手法用在包装设计上。产品包装设计的所有正版面不一定都要完全相同。我们习惯了各种变化，在这方面，至少我们可以看看谷歌（Google）！

我发现了这篇关于鳗鱼的排版杰作，我相信类似的布局可以用于咖啡或橙汁的包装上。

现在，让品牌经理去关注一下公司指导手册以外的设计是很容易的事，但这毫无疑问值得一试！

DIE
Der große Öko-Irrtum
Doch Biosprit oder Sparlampen sind dafür nicht geeignet.
WIRTSCHAFT SEITE 23/24
72 WISSENSCHAFT
Man hat's nicht leicht als junger Aal
Das Leben des Europäischen Flußaals steckt nach wie vor voller Rätsel. Sicher ist nur eines: Es ging ihm schon mal deutlich besser.
Lauf in den Tod

第二十课：意大利的精髓

最好的意大利包装设计

今天在包装设计高度发达的欧洲市场，是否有可能区分不同的设计风格？答案是毫无疑问的。是的，包装设计是民间艺术的一种，无论作为一般的设计还是特殊的包装设计，它都可以表达一个国家的文化。在本章中，我们将看看意大利的案例。

我曾经写过一篇《先设计，然后你再修饰》（“First You Design, then You Decorate”）的文章，准确地表达了我对包装设计的看法。伟大的包装设计必须讲述一个有趣的故事并激发人的反应，当然，最重要的是鼓动消费者购买产品。这需要我们自身融入感情，无论是音乐、艺术、文学、摄影还是好的食物。

有一天我在享用意大利粉的时候禁不住问自己，为什么我那么喜欢那些卓越的意大利包装设计，特别是食品包装这类设计？我突然想起，所有卓越的意大利包装真的通过排版、插图、布局或图标吸引了我。意大利包装设计有种人情味，和英国的简约设计风格很不同，后者既机智又独特，但让我很快就觉得沉闷，他们很少运用我上面提到的规则：即首先是设计，然后才装饰。

我在雀巢工作了将近 40 年，我不喜欢在包装上见到人像。可以说，目前只有一个很好的例子，那就是咖啡标签的“品尝师首选”。宠物食品包装上应该由动物表达出情感，如果加人像，最多停留在表现一个快乐的消费者的层面，但这并不能解释关于产品的相关信息。

然而，在意大利包装设计中，我已经找到人像或者人脸置放在包装上的好例子。一个例子是有着悲悯面孔的乔凡尼·娜拉（Giovanni Rana）面食品牌，另一个例子是有一个老男人图像的格瑞斯尼·皮蒙特西（Grissini Piemontesi）面食品牌。细心的读者一定注意到了我曾用“象征性”和“迷人”这两个包孕情感的词汇来形容包装设计。

在所有这些设计里，人类的感情很好地融入到设计里且并不会干扰消费者对产品的注意力。这些设计的布局完全不同，这证明了我所说的理论：设计有趣布局的方法绝对不止一种。然而，遗憾的是 80% 的包装设计都遵从以下定律：

- 公司品牌在左上角；
- 产品品牌在下；
- 产品插图在底部，并且标一个“新”字的三角形在右上角！

带有感情的意大利包装设计也可能是一种情景插图，例如德切科（De Cecco）上收获的女孩、艾布拉（AMBRA）上的意大利女人、安尼斯 (Agnesi) 上的帆船，以及最有名的穆里诺·比安科（Mulino Bianco）上的磨坊。你不会忘记这些饱含感情的标志，这就是品牌，不是吗？当你想到这些品牌是在 1879、1886 年或者 1824 年创造的，你都可以讲述一个关于它们的故事了！我曾经建议雀巢的布宜托尼（Buitoni）品牌也采用这种方法，在包装正面放一个意大利传统房屋作为一个伟大的象征，但遗憾的是我没有成功。太可惜了！

谈到数字，我最喜欢的百味来（Barilla）包装不适合作为本文的设计案例，因为它太过理性和硬销。不过，它用了“意大利第一”的宣传语，这是最好的促销口号。这个创意被乔凡尼·娜拉巧妙地模仿，乔凡尼·娜拉

在冷冻面的品类里名列第一，而百味来是在干面的品类里排第一。

让我们暂时把“干麦制品”放在一边，来看看“酿造”的啤酒——佩罗尼（Peroni）的蓝带啤酒（Nastro Azzurro）。其标签几乎同圣培露的标签一样伟大，其设计有着杰出的布局、排版和文字选择。我相信，如果吉安巴蒂斯塔·波多尼（Giambattista Bodoni）或阿尔达斯·马努蒂厄斯（Aldus Manutius）在世的话，他们一定会给予热烈的掌声！

谈到排版印刷，我想进一步聊一下手写体。意大利有很多非常棒的手写体标签设计。比如维鲜（Vicenzi）品牌的 di Verona，可以充分说明手写体能给包装设计带来何等特殊的设计感觉。注意，手写体一定要由书法家书写，而不是使用标准手写体！

另外一个好的例子是红色的阿玛莱蒂·迪撒诺（Amaretti di Saronno），它遵循上述的设计风格与有趣的排版，有一个非常特殊的图标和窗口设计，同时也是一个非常传统的设计。蓝色的克李斯奥·迪撒诺（Chiostro di Saronno）则是另一个很好的例子！

总之，意大利提供给了我们非常特殊的情感风格的包装设计，证明了包装设计在很大程度上是民间艺术。很遗憾，今天的零售商和品牌拥有者很少将艺术视作包装设计的一部分，而是让包装设计过于理性与全球化。太可惜了！

AMARETTI
DEL
CHIOSTRO
AMARETTI
PROVVEDITORI
DELLA R. CASA
SPECIALITÀ
DI SARONNO
50g ℮ Net Wt 1.76 oz
SARONNO, IT
ORIGINAL ITALIAN PRODUCT - PRODUIT D ITALIE

CHIOSTRO
PROVVEDITORI
DELLA R. CASA
SPECIALITÀ
DI SARONNO
Amaretti Classici
Amaretti Soft
Cantuccini al cioccolato
Cantuccini
Canestrelli
Baci di Saronno
SPECIALITA' ITALIANE
BISCOTTI - BISCUITS
REGIONALI
Net wt 7.4 oz
210 g ℮
ITALIA
ITALIAN REGIONAL BISCUIT SELECTION

第二十一课：幻想

我们需要更多的幻想

当我们提到创造力、想象力和创意的时候，很少听到“幻想”一词。这是因为幻想不幸地被视为不切合现实，虽然幻想可以：

- 提升创造力；
- 让生活更有滋味；
- 鼓舞人心；
- 解决问题，从而刺激销售；
- 大智若愚。

在我们仔细看看这五点，以理解为什么幻想比我们过去想象的更重要之前，先来看看两则相信幻想的名人名言。

斯沃琪品牌创始人尼古拉斯·哈耶克（Nicolas Hayek）曾说：“为了创造

新产品、工作和财富，你需要有艺术家的精神。你必须开放地接受包括幻想在内的任何想法。你虽然不必成为社会公敌，但是也必须有一些小小的叛逆。”

演员、作家彼得·乌斯季诺夫（Peter Ustinov）曾说：“幻想是一种了不起的不可替代的经验！”

幻想提升创造力

有条理的创造力，在大多数情况下，能够产生一个预期的和有用的结果。另外一种随机的创造性并不遵守规则。幻想属于后者，它总是令人惊喜，可以是积极的，也可以是消极的。那些经验丰富的创意人本能地知道它是正确的还是错误的。

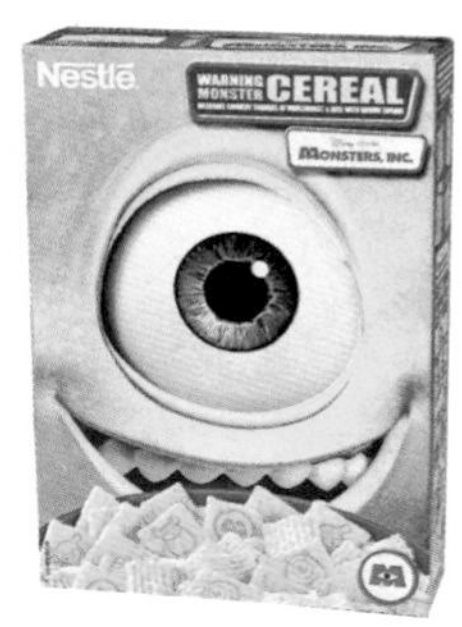

我们需要信任他或她，可是这说起来容易，做起来难……于是我们测试！然而，幻想不能被测试。

幻想让生活更有滋味

毫无疑问，商务生活越来越标准，因为我们按照规章办事，不断提高效率，符合政治需要，而不花时间跟着感觉做事。

在这样的情况下，幻想被认为是没有效率的。但是，我们不是也需要做一些意想不到的事情来提高效率吗？我们只有生活在一个迷人的、刺激的、充满乐趣的生活环境里，才会产生幻想和创意。幻想可以让生活更有滋有味，唤醒我们意想不到的素质。在这方面，真正（Real）品牌的手工现炸薯片包装无疑是一个很好的例子。

幻想是鼓舞人心的

想要高效且获得高于平均水准的结果，我们需要灵感。灵感有许多来源：鼓舞人心的人、地方或产品。现在它也可以源自一个幻想的世界，即让自己有小小的梦想。幻想是灵感的来源之一，能帮助我们获得更好、更大、更令人惊讶的成就。

幻想可以克服障碍

在商务中我们是否常常被法律、等级制度甚至迷信因素所困扰？我们几乎每周都会被逼到墙角自问："我怎么能走出困境？"我们必须继续往前走。

答案是幻想！幻想可能会把我们带到一条从未想过的路线（我们几乎总是线性思维而不是"跳跃性"思维）。也许我们应该在商业活动中多一些幻想。圣保利（St. Pauli）啤酒在《花花公子》杂志上的广告（是的，媒体往往决定我们能做什么和不能做什么）、让·保罗·高缇耶（Jean Paul Gaultier）的香水瓶、绝对伏特加的广告以及许多谷物产品包装和礼品包都来自幻想思维。

幻想能带来一个意想不到的结果，我们需要更多地信赖它！

幻想是“大智若愚”

从以上可以看到，我们需要一些不同的思维。换句话讲，我们需要一点愚昧，但这愚昧不是在所有方向上浪费我们的时间或者失去重点。幻想毫无疑问是一种受控制的大智若愚，让我们能够出位思考。

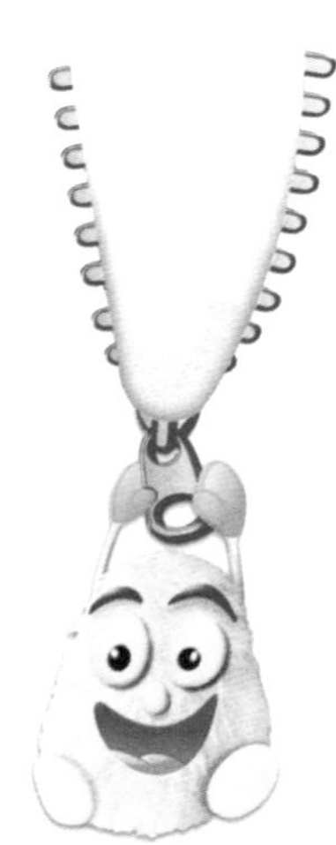

我的四点钟（MON4H！）的设计毫无疑问带有一些大智若愚的傻气。

第二十二课：不要忘记装饰

先设计，然后装饰

我们已经一遍又一遍被告知，海报、包装、广告等想要吸引人，应该讲述一个故事。

同时，我们知道，简单的沟通更有效，同时也更具冲击力。这意味着我们应该减少元素，这一点可被视为“设计剔除”（design by elimination）。

其结果是什么？我们的故事可能会失去感情，失去从一开始我们在事物、产品、包装或广告上想表达的情感。而我们都需要生活中的某些情感，通过情绪、声音、审美等表达出来。如果我们更投入，我们会感觉更好，反应更积极。

什么会更具吸引力？纯黄色背景还是一些有插图的 Reflets de France 品牌包装？首先映入眼帘的是什么？什么最有品位和吸引力？纯褐色背景还是充满动感和各种色调的梦龙冰淇淋？雀巢咖啡或是破碎的奇脆（Crunch）巧克力，抑或是三维设计的奥利奥（Oreo）的商标呢？嗯，让读者来评判。我的选择是容易的。在这个简洁与情感的平衡游戏里，真正的赢家是那些高度情感化的包装，比如妮维雅和吻（Baci）。只可惜吻的设计被不重要的净重量信息所干扰，可能是因为要从意大利的贝鲁加（Perugina）出口到美国。幸运的是我们欧洲人对法规有更深刻的理解，允许净重量放在包装背面。

如果由于某种原因，我们决定使用一种特殊的形状，例如心形或三叶草形状，毫无疑问，这种形状应该被强调。在这方面，吻或者妙卡（Micka）的 Alles Gute 巧克力都是出色的设计。

瑞典饼干公司哥德堡（Göteborgs）的案例告诉我们，伟大的设计不一定是简洁的（但其中的信息一定是简洁的）。他们的圣诞版产

品，每包都有 3 个皇冠和交叉的红丝带。请注意，还有饱含感情的文字："小生姜烤奶油馅，爱意盛满盒。"

心得是什么？伟大的包装设计应该是简洁的，尽可能地简洁，包装正面只包含必要的信息，但同时应该吸引人注意，这在我们的业内被称为"唤起行动"。

在最近一篇关于设计的文章内，很有影响的《金融时报》（*Financial Times*）作者海蒂·犹大赫（Hettie Judah）说："人们开始认识到，洁净、现代的设计已变得温和，且兼具可塑性。"

第二十三课：心得

我们从纯真品牌中可以学到什么？

纯真（Innocent）果汁是你今天可以在至少 10 个欧洲市场见到的一个品牌。毫无疑问，市场营销专业和包装设计界的人士都不会否认纯真果汁的设计是成功的。

在本章中，我们暂且不讨论其产品，比如思慕雪（Smoothie）及其在消费者头脑中的定位：

- 天然；
- 纯水果。

首先来看包装上的沟通文字："妈妈天然制造（因为爸爸很忙），但在英国包装"，产品推出的时机很正确。其次，它体现了伦理和生态方面的双重沟通，虽然售价相当高，但仍然畅销。如果你有兴趣进一步了解其商业运作模式，建议你访问以下网址：www.innocentfoundation.org。

它的案例对于设计和沟通有着重要的意义，因为它已经证明，如果信息是有趣的（内容及其表达），消费者就会关注！

我自己 40 年来在一个大的食品和饮料公司推广这个理念，可惜没有成功。一部分原因是因为我没有足够的创造力，另一部分原因是客户，即我的公司，不相信我。现在，我们为什么解读纯真品牌的包装呢？原因很多：

第一，它们不断变化信息内容。谁想看两遍新闻呢？

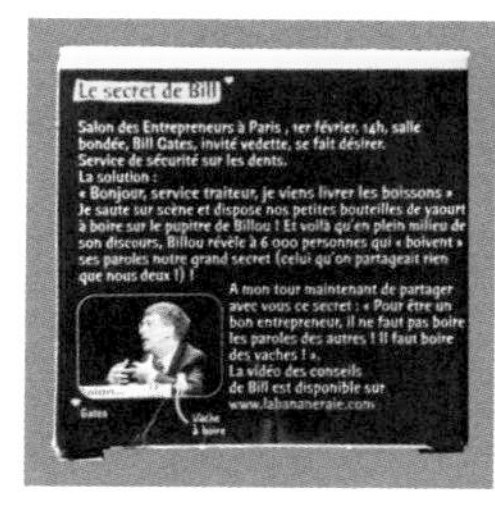

第二，文本短，不超过 4—5 厘米宽，像周刊或日报那样。

第三，文本饱含情感，像文字标题一样：

- 你好！
- 冰冻我。
- 保持健康，等等。

第四，尽可能有一种英式幽默。在包装底部，你可以读到这样的文字：“不要看我的屁股！”

第五，在成分列表中使用符号或小插图。

第六，不使用全球分销联盟信息，因为它很难理解并且没有用。

第七，用有趣的关键词来达成沟通，比如你、我、我们。

第八，非常特殊的设计——独特、简洁，几乎是手写字体，其独特的风格让人印象深刻！

在纯真品牌的启发下，其他小公司做了类似的设计。我第一个想起的是法国的米歇尔和奥古斯丁（Michel & Augustin）品牌，其包装更有趣，但在我看来不太商业；它是我们所说的利基产品。纯真品牌的强项是它表现得像一个大品牌，这使它最后成功了。

创造力的秘密是好奇。

第二十四课：实例

冰淇淋案例

许多品牌经理向我询问，在代理商提供多种选择方案时，该如何选出最好的设计。通过观察下面这个案例，你可以找到这个问题的答案，这个案例在我任教时已经用了多年。我写了一个简介，邀请我的一些设计师朋友设计了 12 个方案。他们不允许做出完美的设计，这样，12 个方案都可以被改进。这 12 个设计方案中只有两个方案有成为成功案例的潜力。

你在读本书的时候，通过我建议做的这个练习，可以学到什么呢？在关注设计图的可操作性之前，先尝试评判对于目标群体来说独特而又具吸引力的观念或想法。我们今天最常犯的最大错误就是只看设计的操作执行，即设计质量、吸引力、品牌力，等等，而不在此之前关注更高层面的理念问题。只有卓越的理念才有潜力激发出优秀的点子，继而帮助销售产品。

为了帮助你分析每个设计案例，我做了如下列表：

· 选出 3 个你最喜欢的方案，分别标记为 A、B 或 C；

· 就品牌、产品、目标群、视觉效果以及独特性而言，分别给它们评出 0（差）到 10（优）的分数，尽力做到客观公正。不要忘记犹太法典中写到的一句话："我们看见的不是世界原本的样子，我们看见的是我们自己。"换句话说，在这里，我们不妨以 12 岁小男孩的眼光来看待一切。

· 当你为这些设计打完分之后，将品牌与独特性乘以 3，将产品乘以 2（这个年龄的小男孩通常不太注意产品的质量），将目标群乘以 2（设计必须迎合目标群体的需求），将视觉效果乘以 1。通常所有的冰淇淋品牌都有价格标签，当小男孩将他的鼻子凑近冰柜时，他能找到最具吸引力的设计。他甚至有可能在之前已经受到其他媒介的影响了。

现在，完成这个训练后，到 packaging sense.com 网站去看看我是如何选出最好的 3 个设计的。顺便说一句，我已经将这些设计给目标群体试验过，你可以在网站上或多或少地找到相关的结果。小男孩是住在香港、柏林、巴黎还是约翰内斯堡等地并不重要，他们都知道他们想要的是什么。祝你好运！

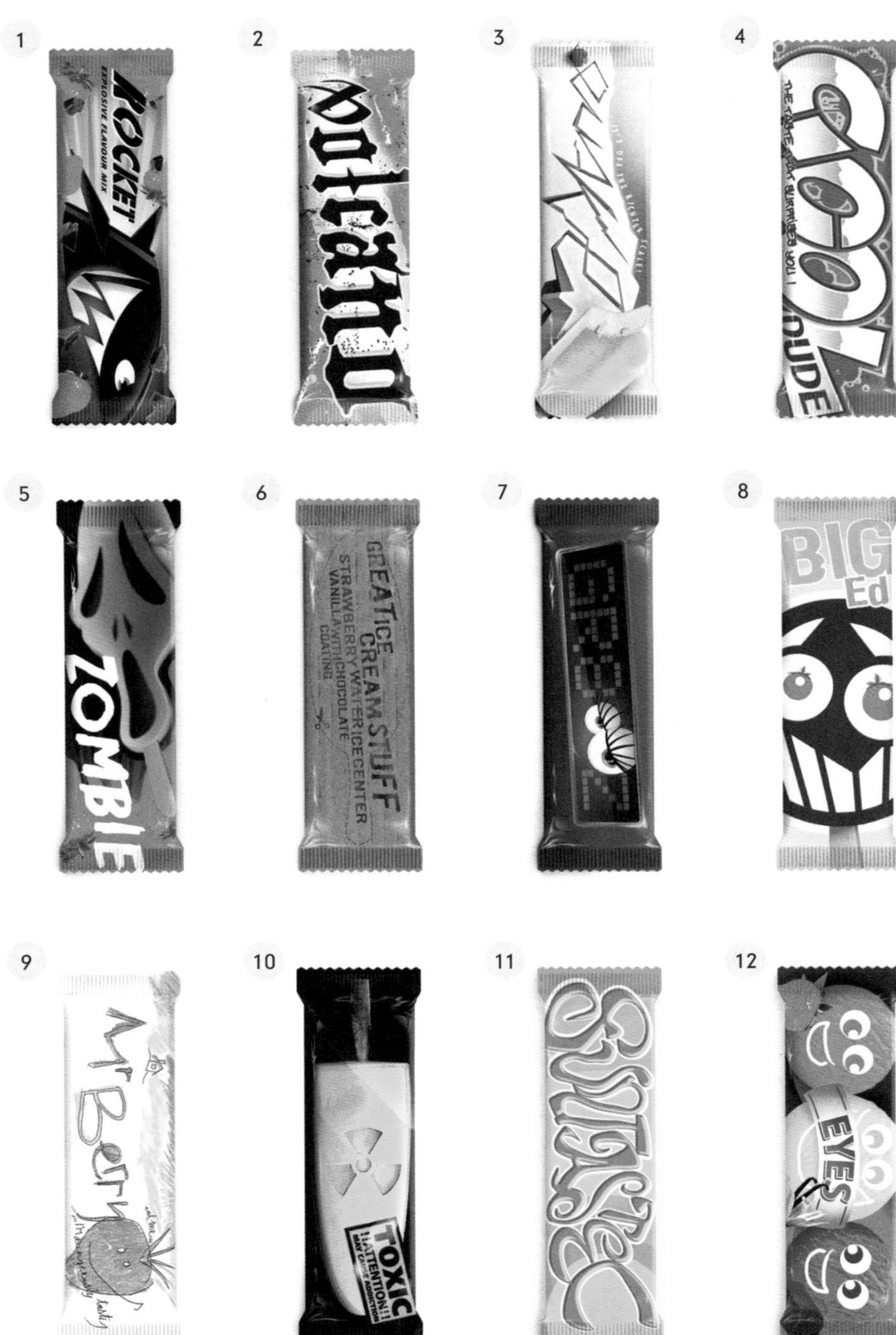
1
ROCKET
EXPLOSIVE FLAVOUR MIX
2
Volcano
3
4
COOL
DUDE
DUDE
5
ZOMBIE
6
GREAT ICE CREAM STUFF
STRAWBERRY WATER ICE CENTER
VANILLA WITH CHOCOLATE
COATING
7
8
BIG
Ed
9
Mr Berry
10
TOXIC
!!ATTENTION!!
11
12
EYES

		未加权分值			系数 1—3	加权分值		
		A	B	C		A	B	C
1.	**品牌** · 商标是否具有个性化的图案？ · 商标与视觉形象是否体现了其定位？ · 品牌特性是否易于被其他媒介采纳？ · 品牌特性是否易于记忆且具独特性？	10	10	10				
2.	**产品** · 产品名称是否清晰？ · 产品说明是否最佳？ · 产品说明是否易于记忆？	10	10	10				
3.	**目标群——理解消费者** · 设计是否反映了目标受众的深层理解？ · 它是否拨动了目标消费者的心弦？	10	10	10				
4.	**视觉效果** · 融入到实际的商店环境中时，它的视觉冲击力如何？	10	10	10				
5.	**独特性** · 其设计是否与该品牌的主要竞争对手有很大差异，且易于记忆？	10	10	10				
					总分			
					排名			

谢谢你阅读我们的书。

欢迎阅读下一本书。